Sophie Strodtbeck

Vom Welpen zum Senior

Müller Rüschlikon

Impressum

Einbandgestaltung: Kornelia Erlewein

Titelbild: Sophie Strodtbeck

Bildnachweis:
Seite 35: Christian Wolf. Alle anderen Fotos stammen von Sophie Strodtbeck.
Die Illustrationen wurden von Dr. Miriam Stark erstellt, www.starkebeest.de.

ISBN 978-3-275-02014-0

Postfach 103743, 70032 Stuttgart
Ein Unternehmen der Paul Pietsch Verlage GmbH & Co. KG
Lizenznehmer der Bucheli Verlags AG, Baarerstr. 43, CH-6304 Zug

1. Auflage 2015

Sie finden uns im Internet unter www.mueller-rueschlikon-verlag.de

Lektorat: Claudia König
Innengestaltung: Kerstin Diacont, www.diacontdesign.de
Druck und Bindung: Koko Produktionsservice s.r.c., CZ-709000 Ostrava
Printed in Czech Republic

Für
Uwe, unseren wundervollen Reisebegleiter, der unsere Reisegruppe viel zu früh verlassen hat

Danksagung

Der Moment, in dem sich das fertige Manuskript endlich auf den Weg zum Verlag macht, gehört nach zahlreichen durchgeschriebenen Nächten zu den Dopamin-Feuerwerken im Autorenleben. Und es ist der Moment, denen zu danken, die zur Entstehung des Buches beigetragen haben:
Da wäre zunächst Claudia König vom Verlag Müller Rüschlikon. Claudia, ich danke Dir für Deine Geduld und dafür, dass Du mir beim Schreiben immer freie Hand lässt!
Herzlichen Dank auch an Kerstin Diacont, die mit ihrem Layout genau meinen Geschmack getroffen und bei meiner ewigen Bild-hin-und-her-Schieberei Frustrationstoleranz bewiesen hat.
Danke Christian Wolf für das großartige Foto vom Jagd-Beagle, welches es als einziges Foto, das nicht mit meiner Nikon geschossen wurde, ins Buch geschafft hat.
Danke Jörg Frodermann für den stetigen Gedankenaustausch zum Buch.
Danke den besten Eltern der Welt, weil ich Euch a) während des Schreibens mehrfach versetzt habe und mir b) nicht wieder anhören möchte, dass ich Euch vergessen habe.
Außerdem danke ich natürlich Miriam Stark für die starken Illustrationen von meiner Reisegruppe. Der extrem konkreten Anforderung »möglichst bunt« bist Du nicht nur perfekt, sondern auch in einem Tempo, das sogar Beagles vor Neid erblassen lässt, nachgekommen. Vielen lieben Dank, sie sind wunderschön! Wer mehr über Miriam erfahren möchte, wird auf www.starkebeest.de fündig.
Nadin, einfach danke! Und zwar dafür, dass Du uns auf dem härtesten Wegstück unserer Reise immer mit rosa Hüten, offenen Armen, einem bunten Koffer voller Empathie und den passenden Worten im richtigen Moment in einem WG-Zimmer voller Trost empfangen hast. Und für vieles mehr.
Außerdem möchte ich einem Ort danken, was für eine Danksagung sicherlich ungewöhnlich ist. Aber der Ort ist es auch! Danke »Bad« Seefeld für Deine Kurortqualitäten, für das Gasthaus zur Erholung, für Freude und Trauer, Lachen und Tränen, für momentanes Vergessen und unvergessene Momente, für viele Ideen und ideenreiche Vielfalt. Wir sehen uns wieder!
Uwe, Dir kann ich nicht mehr danken, verdanke Dir aber so vieles ...
Und zum Schluss möchte ich auch hier meine Reisebegleiter noch einmal erwähnen, weil sie mindestens genauso viel Geduld mit mir haben, wie ich mit ihnen, weil sie mich immer wieder zum Lachen bringen, weil ohne sie dieses Buch und zahlreiche Geschichten nie entstanden wären, und weil warme Füße das Schreiben im Winter enorm erleichtern.

Zum Geleit

Vorwort von Nadin Matthews

Die größten Abenteuer erlebt man nicht auf einer Weltreise, sondern im Kopf oder im Zusammenleben mit einem Hund. Wen beides interessiert, wird mit Begeisterung dieses Buch lesen.

Meist begleiten nicht die Hunde ihre Menschen durch ihr Leben, sondern umgekehrt. Sie kommen als Welpe, Junghund, Erwachsener oder Senior zu uns. Nicht immer bleibt uns viel Zeit mit ihnen. Ein Hundeleben kann kurz sein und manchmal verdammt lang. Die Dauer bestimmt jedoch nicht die Intensität. Was in der gemeinsamen Zeit passiert, ist entscheidend. Die Bewertung ist eine Frage der Perspektive. Egal, ob es der erste Ausflug oder auch der letzte ist, dieses Buch begleitet Sie als Leser dabei. Es lädt ein, die Perspektive auf den eigenen Hund zu ändern und dadurch mehr zu sehen. Mit allem, was dazugehört.

Mich erfreut dieses wertvolle Buch sowohl als Hundehalterin als auch als Hundetrainerin und Ausbilderin für Hundetrainer. Sophie Strodtbeck hat das Fachwissen einer Tierärztin, die Gedanken einer Soziologin, die Akzeptanz einer Psychologin und die Liebe einer Hundehalterin. Ihre Bildungsreise reibt sich an der Wirklichkeit. Viele kleine Geschichten reihen sich aneinander, sie erklären die Welt der Hunde voller Lebendigkeit. Die Geschichten sind schön, traurig, humorvoll, pfiffig und mit viel Fachwissen und wissenschaftlichem Background erzählt. Es ist eine didaktische Meisterleistung, schwierige Dinge so zu erklären, dass jeder sie verstehen kann. Die Autorin beschreibt Hunde bildhaft in ihrer individuellen Entwicklung von der befruchteten Eizelle bis zu ihrem Tod. Mit Leichtigkeit führt sie durch Themen wie pränatale Einflüsse, neuronale Vernetzung in der Welpenphase und hormonelle Veränderungen in der Pubertät, die Einflüsse auf das Verhalten durch Ernährung und Erkrankungen und vieles mehr. Sie als Leser werden vieles lernen. Und das Beste ist, es wird Sie nicht anstrengen. Dafür sorgen die vier Hundepersönlichkeiten, deren Geschichten zeigen, was ein

Hundeleben ausmacht. Doch Vorsicht, dieses Buch hat einen Nachteil: Man bekommt Lust auf einen Beagle! Blöd für Sie, gut für uns. Während Sie denken »Oh, Mist« denken wir »Oh, Kundschaft«.

Die Fehlerfreundlichkeit gegenüber den eigenen Hunden wächst beim Lesen von Seite zu Seite. Es geht nicht um richtig oder falsch, es geht um Beziehung und um das Leben mit Persönlichkeiten. Eine wichtige Fähigkeit wird gefördert: über sich und seine Hunde lachen zu können. Oftmals das Beste, was man tun kann. Ob die eigene Reise eine heitere wird, vermag niemand zu sagen. Dramatik und Freude liegen manchmal dicht beieinander. Was ein Abenteuer ist, entscheiden Sie selbst. Was ein Problem ist, übrigens auch. Die Garantie auf beides erhöht sich mit der Anzahl der Hunde. So wird es in jedem Fall gesellig. Es sei denn, sie sind gerade jagen.

Damit Sie wissen, mit wem Sie auf den nächsten Seiten einmal quer durchs Hundeleben reisen, habe ich mir erlaubt, den Hundepersönlichkeitstest von Ádám Miklósi für die Autorin zu machen. Laut Testergebnis ist Sophie Strodtbeck emotional eher stabil, extravertiert und kontaktfreudig, kooperativ und freundlich, macht gern neue Erfahrungen, sie mag den Wandel und ist eine wahre Wildcamperin, sie ist spontan und ein wenig rebellisch. Also, im Grunde genommen scheint Sophie Strodtbeck ein Meutehund zu sein. Nur irgendwie loyaler, aber verrückt genug. Denn wer einen Beagle ableint, ist mutig. Wer zwei Beagle ableint, ist wahnsinnig. Ich persönlich glaube, dass Sophie Strodtbecks Kreativität aus der Not heraus geboren wurde. Irgendwie muss man ja die Zeit des Wartens auf die Beagle überbrücken. Hunde sind ein Lerngeschenk und dieses Buch ist es auch. Beim Lesen desselbigen wünsche ich Ihnen nun viel Spaß.

Nadin Matthews

1 Warum ich Gruppenreisen bevorzuge

Das Leben mit Hunden

»Gemeinsam reisen heißt neu sehen lernen«

»Warum hast Du eigentlich Hunde?« wurde ich vor Kurzem gefragt. »Man bindet sich doch nur an, muss bei Wind und Wetter raus und braucht einen guten Staubsauger.«

Um es vorweg zu nehmen: Einen einigermaßen funktionsfähigen Staubsauger und eine Kollektion an wind- und wettertauglichen Outdoor-Klamotten habe ich.

Aber tatsächlich ist es wesentlich einfacher, Gründe gegen als für einen Hund zu finden. Für klassische Arbeitstiere haben die wenigsten von uns noch Verwendung, zuhause riecht es besser ohne Hundefürze und Aas hinter den Schlappohren, Tierarztkosten können sich schnell mal auf ein 14., 15. oder gar 16. Monatsgehalt belaufen. Bei der Auswahl der neuen Couch stehen auf

einmal nicht mehr Optik und Komfort im Vordergrund, sondern Kaufentscheidungskriterien wie der Hundehaar-Haftungsfaktor oder die Schlammpfoten-Farbkompatibilität. Auch sind Individualreisen leichter zu organisieren als Gruppenreisen.

Nun, ich teile mein Leben schon immer mit Hunden, und wollte irgendwann einen eigenen haben. Das war eigentlich alles. Aber seit ich meine, diese Reisegruppe habe, habe ich auch Gründe dafür.

Meine Reisegefährten sind Betablocker und Meditation in einem. Kennen Sie das? Sie hatten einen absolut stressigen Tag in der Arbeit, Ihre Steuererklärung, die seit zwei Jahren auf Fertigstellung wartet, bereitet Ihnen seit zwei Jahren schlaflose Nächte, lässt sich aber jetzt nicht mehr aufschieben, die Steuerberaterin sitzt Ihnen im Nacken. Sie haben den Tag mit dem verzweifelten Versuch, die fehlenden Papiere doch noch aufzutreiben, in den Telefonwarteschleifen der Republik verbracht, und draußen tobt der November grauer, als Sie das je für möglich gehalten haben? Und – ja, Sie ahnen es – Sie noch ein Buch über eine Reise durch das Hundeleben schreiben und in wenigen Wochen abgegeben müssen, und Sie noch immer im ersten Kapitel festhängen? Kurzum, das Stresshormon Cortisol feiert gerade in jeder Region Ihres Körpers ein rauschendes Fest? Und jetzt blicken Sie in sechs Hundeaugen und merken förmlich, wie der Stress von Ihnen abfällt? Vorausgesetzt natürlich, Sie nennen nicht gerade ein Pubertier Ihr Eigen, das während Ihrer stundenlangen Reise durch die »Warteschleifenlandschaft« die neue Couch zerlegt hat und Sie nun mit Unschuldsblick und Resten der Couch bzw. dessen, was mal eine Couch war, im Maulwinkel anschaut. Dann gratuliere ich Ihnen zu Ihrer Reisegruppe, die eigentlich als Kur von den Krankenkassen übernommen werden müsste! Denn Hunde senken unseren Cortisolspiegel nachweisbar, und zwar über das Bindungs- und Beziehungshormon Oxytocin, den hormonellen Sozialkleber, der eine wichtige Funktion als Gegenspieler der Stresshormone hat. Dieses Oxytocin wird zum Beispiel bei Berührungen, beim Spiel mit dem Hund oder auch nur beim Blickkontakt mit dem Hund, an den eine Bindung besteht, gebildet. Aus diesem Grunde musste mein Zwerg Piccolo anfangs mit zu meinen Vorträgen, und bei großer Aufregung reichte ein Blick in die erste Reihe, wo er sich meist einen Schoß sicherte, und ich merkte, wie die Anspannung von mir abfiel. Ähnliches kennen Sie sicher auch.

Ich kann immer über meine Hunde lachen, egal, wie katastrophal der Tag ist. Sogar, wenn sie die Katastrophe sind. Und so selten ist das gar nicht der Fall.

Womit wir auch schon beim nächsten Grund wären: Sie zeigen mir, dass es wesentlich Schlimmeres gibt, als ein bisschen Aas hinter den Ohren – wie zum Beispiel stundenlang alleine im Wald zu stehen und verzweifelt auf die Beaglefraktion zu warten.

Sie sind nicht nachtragend, ganz egal, was war. Ihr Vertrauen in mich ist unerschütterlich, und ich bin ständig gefordert, diesem gerecht zu werden. Und werde ich das mal nicht, gilt automatisch: sie sind nicht nachtragend. Vom Versöhnungsverhalten unserer Hunde können sich übrigens zerstrittene Reisegruppen und auch nicht reisende Menschen eine dicke Scheibe abschneiden! Manchmal, wenn auch sehr selten, scheppert es auch hier. Klingt wild, ist aber nicht so, vor allem aber ist es nie lange. Denn unmittelbar nach einer »Klopperei« kommt es zum Versöhnungsverhalten und der Konflikt wird beigelegt. Meistens geht die Versöhnung vom Verlierer aus, aber oft ist es auch der Gewinner, der Auseinandersetzung oder ein unbeteiligter Dritter, der den Frieden wieder herstellt. Der unbeteiligte Dritte hier im Hause ist übrigens der Beaglerüde Meier (den Sie im Laufe dieses Buches noch näher kennenlernen werden), der ganz feine Antennen für Konflikte besitzt – egal, ob zwischen Hund und Mensch, Mensch und Mensch oder Hund und Hund. Er wird ob dieser Fähigkeit auch »der Sozialarbeiter« genannt. Gibt es irgendwo auch nur ansatzweise schlechte Stimmung, rennt er von einem Protagonisten zum anderen, wedelt dabei unaufhörlich mit der Rute und verteilt »Versöhnungs-Nasenstupser«. Dieses »Nase-Berühren« ist übrigens auch bei Wölfen nachgewiesen und wird ausschließlich im Zusammenhang mit vorangehenden Konfliktsituationen gezeigt. Und das macht Meier dann so lange, bis auch das letzte Molekül an

Labrador sucht
eine Begleitung zum »Perfekten Dinner« mit anschließendem Segeltörn durch die Weltmeere. Du hast kein Problem damit, ein Buffet zu sprengen? Du liebst das Wasser? Schlammcatchen ist Deine Leidenschaft? Du bist bei Wind und Wetter für alle möglichen und unmöglichen Outdoor- ebenso wie für sexuelle Abenteuer zu haben? Und Deine Individualdistanz ist nur unwesentlich größer als Plankton? Dann findest Du unter der Chiffre »Wasserschaden« in mir den perfekten Begleiter.

schlechter Stimmung wieder verflogen ist. Und sind wir mal ganz ehrlich: Wer kann schon dauerhaft sauer sein, wenn so ein Charming Boy all seinen Charme sprühen lässt? Ich kann es jedenfalls nicht. Ich finde, er wäre ein angemessener Kandidat für den Friedensnobelpreis, der wurde schließlich schon an Menschen verliehen, die nicht immer und ausschließlich um Frieden bemüht waren. Unbeteiligter Dritter ist Meier aber auch nur, wenn es zum Streit kommt, denn ansonsten ist er selten unbeteiligt.
Von Hunden und ihrem Umgang mit Konflikten können also nicht nur Reisegruppen sehr viel lernen.

Meine Mitreisenden holen mich immer wieder ins Hier und Jetzt zurück, denn genau dort sind sie zuhause. Auch das finde ich eine sehr beneidenswerte Eigenschaft. Klar haben auch Hunde ihre jeweils eigene, individuelle Geschichte, und natürlich kann diese Spuren hinterlassen. Sie leben also auch mit ihrer Vergangenheit, aber sie hadern nicht ständig mit ihr. Die Dinge sind so, wie sie sind, egal, ob man sich darüber ärgert oder nicht. Ein Hund akzeptiert die Dinge viel leichter, als es ein Mensch tut. Menschen tun sich damit schwer, denn dafür sind (zumindest die meisten Menschen) viel zu reflektiert. Aber ein Mensch kann sich von Hunden ins Jetzt und Hier entführen lassen, und wenn es jeweils nur für kurze, aber dennoch wichtige Momente ist. Meinen Mitreisenden gelang das auch in der düstersten Zeit meines Lebens, als meine Lebensreise abrupt unterbrochen wurde, immer wieder. Sie haben sich wirklich sehr darum bemüht. Und dafür bin ich ihnen dankbar!
Sie sind die besten Seelentröster, die man sich vorstellen kann. Schon als Kind habe ich in den Pelz unseres Hundes »Sascha« geweint, und wenn ich richtig verzweifelt bin, tue ich das auch heute noch, nur dass aus Sascha Güneş, Meier, Andra und Piccolo geworden sind. Der Pelz fühlt sich beim Reinweinen aber genauso an. Sie stellen keine blöden Fragen, geben keine schlauen Ratschläge, sie sind einfach nur da. Und nein! Das hat nichts mit Vermenschlichung zu tun. Ein Mensch ist ein Mensch und ein Hund ist ein Hund. Ich mag Menschen, und ich mag Hunde. Hunde können keinen Menschen ersetzen, das sollen sie gar nicht. Aber Hunde sind auf andere Art und Weise für ihren Menschen da, manchmal auch auf eine bessere bzw. in dem Moment erträglichere. Sie fragen nicht nach, sie werten nicht, sie halten einfach die Klappe. Und sie nehmen es mir nicht übel, wenn ich sie den ganzen Tag zutexte.

Die Teilnehmer meiner Reisegruppe haben mich gelehrt, sie genau so zu wollen, wie sie sind. Sie haben mir gezeigt, wie liebenswert Macken sein können, und wie wenig Herausforderung das Perfekte bietet. Sie haben mich also gnadenlos um den Finger bzw. die Pfote gewickelt.

Seit ich in der Gruppe reise, habe ich keine kalten Füße mehr. Beagles haben ein ausgesprochen gutes Preis-Heizungs-Verhältnis. Dazu ein kleines Wärmepflaster der Marke »Piccolo« für die lokale Anwendung, und der Winter verliert seinen Schrecken. In der Gruppe reisen wärmt aber nicht nur die Füße, sondern auch die Seele.

Sie erstaunen mich immer wieder mit ihren Fähigkeiten, es wird nie langweilig mit ihnen. Seit ich diese Reisegruppe habe, vereinsamt der Fernseher. Die feine Kommunikation unter Hunden zu beobachten, mich von ihrer guten Laune beim wilden Spiel anstecken zu lassen, oder ihnen einfach nur beim Dösen zuzuschauen, ist besser als jedes Fernsehprogramm der Welt.

Sie halten mir durch ihr Spiegeln immer wieder selbst den Spiegel vor. Sie sind Lebensfreude pur und übertragen das sehr oft auf mich. Mindestens genauso oft überträgt sich meine Stimmung auf sie. Während Andra eigentlich der friedlichste Hund der Welt ist, weiß ich inzwischen, dass ich sie, wenn mich einer meiner zum Glück seltenen Schlechte-Laune-Anfälle ereilt, besser nirgends mit hinnehme, denn dann muss der nächst schwächere Artgenosse daran glauben. Das führt aber auch dazu, dass ich mich in Impulskontrolle übe, dass ich geduldiger werde, mich nicht mehr so schnell von meinem Frust

hinreißen lasse. Ich habe gelernt, erst einmal tief durchzuatmen, bevor ich ausflippe.

Sie haben mir im schweren Rheumaschub treue Dienste als weltbeste Medizin, als Antidepressivum und als Assistenzhunde geleistet. Sie waren die Motivation, trotz starker Schmerzen jeden Tag rauszugehen, sie waren es, die mir die Schuhe brachten, und sie waren es auch, die mir trotzdem jeden Tag mehr als nur einen Grund zum Lächeln gaben.

Ein ganz praktischer Grund: Sie geben mir nachts alleine hier im Dorf das Gefühl von Sicherheit. Wenn ein potentieller Einbrecher den kleinen Beagle und sein großes Organ hinter der Türe hört, geht er von einem Hund mit mindestens drei Meter Stockmaß aus. Und es ist schön, dass immer jemand da ist, wenn ich in mein leeres Haus komme.
Und nicht zuletzt muss ich ja auch über irgendwas schreiben und reden.

Und nun zu den Gründen, warum ich nicht in dieser Gruppe reise:
Fragt man Menschen danach, warum sie Hunde haben, hört man sehr oft die Aussagen: »weil Hunde die besseren Menschen sind«, »weil Hunde so treu sind« und »weil Hunde nicht lügen«. Wäre das mein Grund für die Gruppenreise, wäre ich jetzt enttäuscht und würde über einen Reiserücktritt nachdenken.
Hunde sind keine besseren Menschen, weil Hunde keine Menschen sind! Ich kann ja auch

nicht behaupten, dass Äpfel die besseren Tomaten sind. Äpfel sind auch nicht schlechter als Tomaten, weil Äpfel nun mal keine Tomaten sind. Also behaupten kann ich das schon, aber das zeugt dann nicht unbedingt für meinen botanischen Sachverstand. Ein Hund ist ein Hund ist ein Hund. Und das ist gut!

Hunde sind treu? Hmmm ... »Treue ist eine Tugend, welche die Verlässlichkeit eines Akteurs gegenüber einem anderen, einem Kollektiv oder einer Sache ausdrückt und basiert auf gegenseitigem Vertrauen beziehungsweise gegenseitiger Loyalität.« Die Verlässlichkeit gegenüber einer Sache würde ich sofort unterschreiben: einem alten vergammelten Pansen gegenüber sind meine Hunde durchaus sehr treu! Auch sind die Beagles spurtreu, eine einmal erschnüffelte Wildfährte wird so schnell nicht mehr aufgegeben. Ich hingegen würde unter Treue in den einsamen Momenten am Waldrand etwas anderes verstehen.

Vertrauen haben sie. Sie vertrauen mir allesamt blind, und mich ehrt dieses Vertrauen, das sie mir entgegenbringen. Aber als treu im klassischen Sinne würde ich sie nicht bezeichnen. Äpfel sind nicht treu. Tomaten auch nicht.

Den letzten Punkt der nicht lügenden Hunde halte ich für absolut falsch, allerdings liebe ich meine Hunde gerade für ihre Tricksereien und ihre Schummelei.

Beispiel für die Durchtriebenheit gefällig? Zwerg Piccolo bevorzugt als Behausung Designerkörbchen jeglicher Art. Meier nicht, der lässt sich einfach fallen, wo er gerade steht (bevorzugt quer über mir oder Andra), und wiegt dann beim Versuch, ihn beiseite zu schieben, schlagartig gefühlte 100 kg.

Piccolo besitzt ein Körbchen aus Rattan, das die Form einer Kugel mit einem kleinen(!) Einstiegsloch hat, und das eigentlich für eine Katze ausgelegt ist, aber eben auch einen kleinen Chihuahua-Mix beherbergen kann. Die Kugel ist definitiv zu klein für einen ausgewachsenen Beagle – aber kümmert das einen Meier? Richtig: nein! Die Kugel wird für ihn ausschließlich dann interessant, wenn ihn sonst trotz sämtlicher Nervereien keiner beachtet. Denn weil sie Piccolos Eigentum ist – der wiederum ein typischer Vertreter der Gattung »mein Auto, mein Boot, mein Haus« ist – springt dieser nämlich spätestens dann entrüstet auf, wenn Meier die Kugel erobert hat. Dass Meier wirklich nicht bequem darin liegen kann, ist ihm egal – wer Status möchte, muss Abstriche machen.

Auch heute war so ein Tag: Frauchen schreibt, die anderen Hunde dösen, Meier wird nicht beachtet. Also Kugel! Piccolo hört das Knirschen des Rattans, ist schlagartig hellwach und schießt, Meiers Erwartungen erfüllend, um die Ecke. Ich hörte Piccolos unzufriedenes Murren, als er den Beagle in der Kugel entdeckte. Sofort kam Piccolos »Mama-hilf-Blick«, den ich aber aufgrund eines Lachanfalles ignorierte.

Also war der Zwerg auf sich alleine gestellt und man sah das kleine Hirn förmlich arbeiten. Nach kurzer Überlegung rannte er hysterisch kläffend zur Haustüre. In der Regel ein todsicherer Tipp! Aber in dem Fall hatte er die Rechnung ohne die stoische Ruhe des Meiers gemacht, der den Braten roch und – gefühlte 100 kg schwer! – seelenruhig weiter in der Kugel thronte, obwohl er sich normalerweise keine Gelegenheit zum Mitkläffen entgehen lässt. Plan grandios gescheitert. Also weiter überlegen, das Hirn rattern lassen, Frauchen noch einmal flehend anschauen (die fand aber gemeinerweise die Situation inzwischen sehr spannend und harrte der Dinge,

die da kommen würden), und dann kam wieder der erleuchtete »Wicki-und-die-starken-Männer-Blick« und Piccolo düste entschlossen in die Küche und schob mit all seiner Kraft den Napf von Meier über den Boden, bis dieser scheppernd die Wand berührte. Danach überschlugen sich die Ereignisse – so schnell konnte ich gar nicht schauen, wie Meier aus der Kugel schoss und in die Küche rannte, während Piccolo ihm entgegen lief und in die Kugel sprang. Da würde er wohl heute noch sitzen, wenn ich ihn nicht mittlerweile genötigt hätte, zum Pieseln raus zu gehen – bei den Witterungsverhältnissen allerdings nur auf zwei Beinen und mit vernichtendem Blick in meine Richtung.

Hunde lügen und betrügen nicht? Piccolo hat mit dieser Szene nicht nur ein Meisterstück an kognitiven Leistungen geliefert, er hat auch Meier böse hinters Licht geführt und seine Schwäche, die Gier, schamlos ausgenutzt. Piccolo kann übrigens auch bei plötzlichem Schlechtwetter-Einbruch aus heiterem Himmel stocklahm gehen. Es dauerte, bis ich – nach zahlreichen ergebnislosen klinischen Untersuchungen – die Ursache, nämlich die Korrelation mit dem schlechten Wetter, gefunden hatte. Er ist ein liebenswerter kleiner Trickbetrüger, und die anderen stehen ihm in nichts nach.

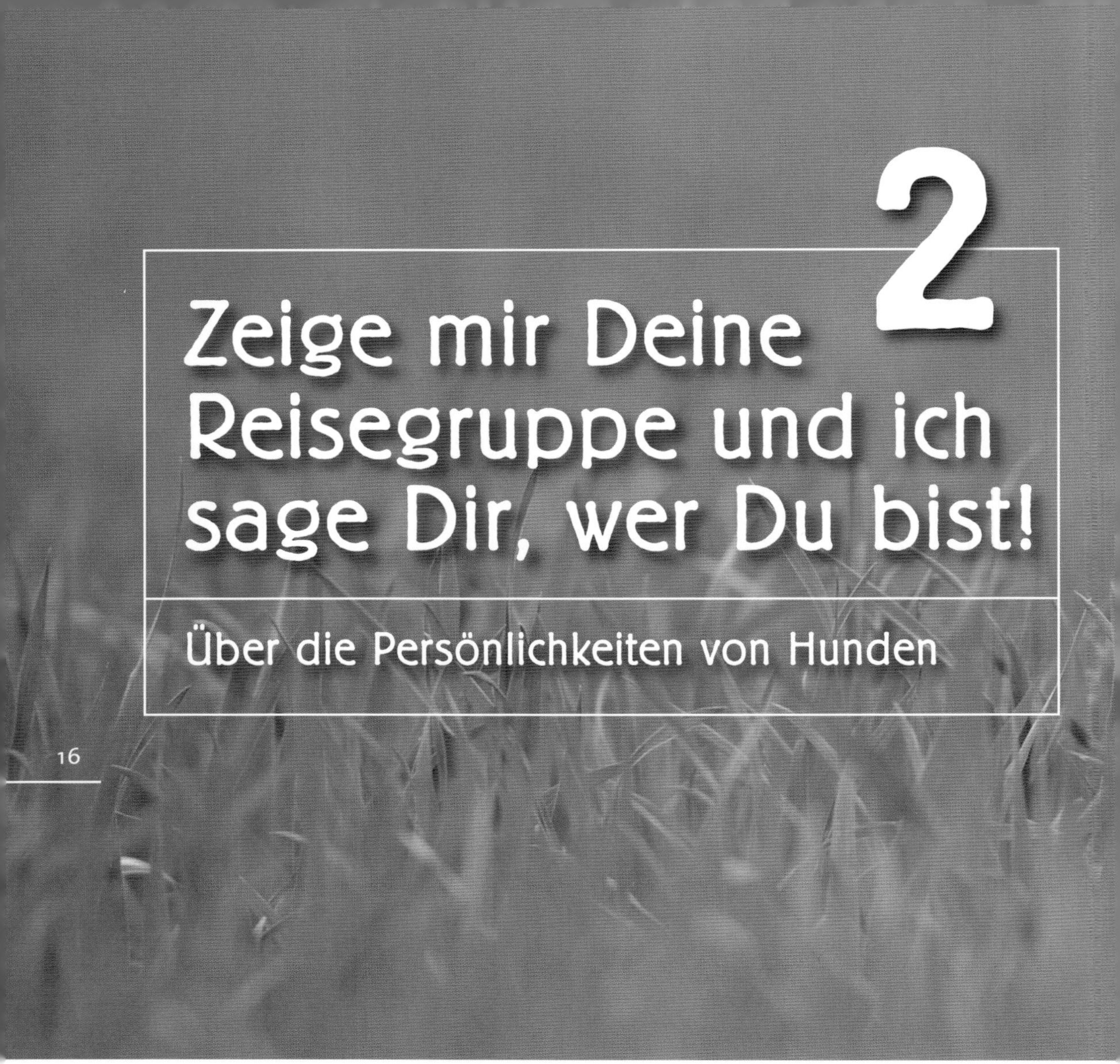

2 Zeige mir Deine Reisegruppe und ich sage Dir, wer Du bist!

Über die Persönlichkeiten von Hunden

»Wenn eine Persönlichkeit mich fesselt, wird jede Form des Ausdrucks an ihr zum Genuss« (Oscar Wilde)

Hunde sind Persönlichkeiten, da sind sich Hundehalter vermutlich einig. Aber was ist überhaupt eine Persönlichkeit? Eine überzeugende oder gar einheitliche Definition gibt es nicht. Synonyme oder ältere Begriffe sind »Temperament« oder »Charakter«. Der Begriff Persönlichkeit umfasst die einzigartigen psychologischen Eigenschaften eines Individuums, in denen es sich von anderen unterscheidet.

Das individuelle »So-Sein« eines Lebewesens setzt sich immer aus genetischen und erlernten Komponenten zusammen. Eines bedingt das andere, denn je nachdem, wie jemand ist, und was für eine Einstellung er hat, so wird er die

Welt sehen und seine eigene, selektive Wahrnehmung entwickeln. Diese individuelle Wahrnehmung ermöglicht manche Lernerfahrungen leichter als andere und prägt dadurch wiederum das Weltbild.

Die Persönlichkeit des eigenen Hundes zu erkennen, heißt, den eigenen Hund zu kennen. Welche Grundmuster zeigt er? Wo kann ein Training ansetzen? Denn nur, wer die Persönlichkeit seines Hundes kennt, kann auch an seinen persönlichen Themen und Problemen arbeiten und ist nicht auf pauschale Methoden und Techniken angewiesen. Und das wiederum ist eine Voraussetzung für entspanntes Reisen. Und wie vielfältig selbst die Persönlichkeiten von Hunden der selben Rasse sind, zeigen mir meine Beagles – die, beide Beagle durch und durch und trotzdem völlig unterschiedlich sind – jeden Tag aufs Neue. Einen schönen Einblick in die Persönlichkeit geben die Verhaltensdimensionen der »Big Five«, einem Fünf-Faktoren-Modell, das viele Abstufungen ermöglicht, da es nicht nur die jeweiligen Pole zulässt. Trotzdem ist es natürlich nicht möglich, ein Individuum anhand der fünf Faktoren in eine Schublade zu stecken!

Die Faktoren im Einzelnen:

Emotionale Stabilität – Labilität (Neurotizismus):

Dieser Faktor beschreibt, wie anfällig Mensch oder Tier für Ängste und Sorgen ist. Je mehr ein Individuum zum Neurotizismus tendiert, desto anfälliger ist es für Zweifel und negative Gefühle. Es wird schnell nervös, mutlos, empfindlich und wirkt immer angespannt. Ein Oberbedenkenträger, der sich schnell aus der Ruhe bringen lässt.
Das Gegenteil ist – wie der Begriff bereits vermuten lässt – bei der emotionalen Stabilität der Fall. Menschen oder andere Tiere mit hoher emotionaler Stabilität sind selbstsicher, stressresistent, souverän und lassen sich so schnell durch nichts aus der Ruhe bringen.
Dieser Faktor beurteilt also, wie wir auf Rückschläge reagieren.

Extraversion – Introversion

Sie beschreibt den Ausdruck und die Haltung nach außen. Eine extravertierte Persönlichkeit zeichnet sich durch Selbstbewusstsein und Geselligkeit aus und zeigt eine nach außen gewandte Haltung. Sie ist offen, mag Nähe und das Handeln innerhalb sozialer Gruppen. Sie ist kommunikativ, bestimmt, aktiv, energisch und enthusiastisch. Eine extravertierte Persönlichkeit wird man also eher beim Club Urlaub mit Animationsprogramm antreffen, wohingegen die introvertierte, eher reservierte, scheue und zurückgezogene Persönlichkeit Hobbies vorzieht, die man alleine oder in einer kleinen Gruppe ausüben kann. Ein Mensch mit diesen Persönlichkeitseigenschaften wird den Urlaub wahrscheinlich lieber alleine oder mit einigen wenigen Menschen in der Abgeschiedenheit einer skandinavischen Waldhütte verbringen, oder den Mount Everest erklimmen. Introvertierte Charaktere wenden ihre Aufmerksamkeit und Energie stärker auf ihr Innenleben. In Gruppen neigen sie eher zum passiven Beobachten als zum Handeln und werden häufig als »still«, »zurückhaltend« und »ruhig« beschrieben. Aber Introversion ist nicht unbedingt gleichzusetzen mit Schüchternheit oder gar asozialem Verhalten! Introvertierte streben genauso wie auch Extravertierte nach sozialen Kontakten, Freundschaften und Unternehmungen, aber es muss nicht gleich die ganz große Party sein. Eine Handvoll guter Freunde tut es auch.
In einer Spielstunde zum Beispiel wird der extravertierte Hund immer mittendrin statt nur daneben sein, den introvertierten wird man eher etwas distanziert am Rand finden, wo er sich vielleicht mit dem Lesen von Duftmarken und Statusmeldungen der anderen beschäftigt oder einfach das bunte Treiben der anderen beobachtet, sich selbst aber zurückhält.

Verträglichkeit – Unverträglichkeit

Die Verträglichkeit gibt an, ob mit jemandem »gut Kirschen essen« ist. Verträgliche Menschen helfen anderen, sind nachsichtig, haben Vertrauen in ihre Mitmenschen und können verzeihen. Der Faktor Verträglichkeit gibt auch an, wie kooperativ ein Individuum ist, ob man es mit einem Team-Player oder doch eher mit einem Einzelkämpfer zu tun hat. Verträgliche Hunde sind interessiert an der Zusammenarbeit und dem sozialen Miteinander, vertrauen anderen und wirken dabei aufgeschlossen, freundlich und nachsichtig. Mit so einem Reisebegleiter ist man in einem Survival-Camp, in dem Teamarbeit

Border Collie sucht anspruchsvollen und kulturinteressierten Mitreisenden, der Spaß an Bildungsreisen hat, aber auch gerne mal den ein oder anderen 8000er erklimmt. Du bist kein Couch Potatoe und Spaziergänge ziehst Du Müßiggängen vor? Dann melde Dich unter Chiffre »Schaf oder Ball«.

gefragt ist, sicherlich gut dran. Anders mit einer unverträglichen Persönlichkeit: sie neigt zu Zynismus, zu Misstrauen und ist leicht reizbar. Dadurch, dass sie selten ein gemeinsames Ziel mit anderen verfolgt, sondern sich schnell in Konkurrenz mit anderen sieht, wäre man mit ihr alleine im Dschungel aufgeschmissen.

Offenheit – Verschlossenheit

Dieser Faktor ist ein Maß für die Wahrnehmung der Außenwelt. Eine offene Persönlichkeit ist vielseitig interessiert, wissbegierig, begeisterungsfähig und neugierig, und sie liebt die Abwechslung. Ein Hund dieser Persönlichkeit ist einfallsreich, originell und erfinderisch, und stets offen für neue Ideen. Abwechslung zieht er der Routine vor, er wäre also der richtige Kandidat für eine Weltreise.

Das andere Ende der Skala bildet die Verschlossenheit. Ein verschlossener Hund ist Neuem und Fremdem gegenüber misstrauisch, als Mensch wäre er eher konservativ – er hält sich lieber an Altbekanntes (»Was der Bauer nicht kennt, (fr)isst er nicht.«). Statik und Beständigkeit sind ihm wichtig, er verhält sich in neuen Situationen oft ähnlich, anstatt Neues auszuprobieren, und wirkt dadurch sehr stoisch. Mit diesem Reisebegleiter ist man als Dauercamper mit Gartenzwergen, Jägerzaun und festen Ruhezeiten gut aufgehoben. Oder man bleibt gleich zuhause.

Gewissenhaftigkeit – Nachlässigkeit

Dieser Faktor gibt an, inw eweit wir organisiert und ergebnisorientiert arbeiten, oder doch eher schludrig sind. Gewissenhaftigkeit bedeutet Disziplin, Ausdauer, Ordnung, Sorgfalt, Planung und Berechenbarkeit. Ein gewissenhafter Mensch hält sich an Regeln und verstößt nur in äußerster Not dagegen.

Ein nachlässiger Mensch ist unorganisiert, zerstreut, unzuverlässig und unordentlich. Oder – wenn man es positiv ausdrücken möchte – ein kleiner Rebell. Er geht mit einer gewissen Sorglosigkeit durchs Leben, die gewissenhaften Menschen ein Dorn im Auge ist. Im positiven Sinne ein Lebemann.
Die Achse Gewissenhaftigkeit – Nachlässigkeit lässt sich bei Hunden nur schwer überprüfen, weswegen bei Hunden in der Regel nur vier der fünf Faktoren angewendet werden. Und trotzdem denke ich, dass man auch diese Persönlichkeitseigenschaft bei Hunden findet. Man denke nur an den typischen Border Collie, der sogar läufige Hündinnen links liegen lässt, solange noch nicht alle Schäfchen ins Trockene gebracht sind, oder an das Gegenteil davon. Warum mir dazu jetzt ausgerechnet der Beagle einfällt, weiß ich auch nicht. Obwohl man den Beagles mit dieser Einschätzung unrecht tut, denn eine in seinen Augen sinnvolle Aufgabe, wie das Verfolgen einer frischen Fährte, wird er stets sehr gewissenhaft erledigen.

In der Humanpsychologie spielen die Persönlichkeitsmerkmale schon lange eine Rolle. Keiner käme hier auf die Idee, bei »Verhaltensproblemen« im humanen Bereich pauschale Lösungen anzubieten. Bei der Hundeerziehung und -therapie ist das aber immer noch mehr die Regel als die Ausnahme. »Zeig ihm, dass Du der Rudelführer bist!«, »Der Hund muss kooperieren und mit Dir gemeinsam jagen gehen!« oder auch »Bloß kein Stress für den armen Hund!« sind häufig verwendete Pauschalaussagen. Diese und andere Patentrezepte sind zwar weit verbreitet, aber darum noch lange nicht hilfreich. Und trotzdem ist auf den Websites der zu diesen Aussagen gehörenden Hundeschulen stets von »individuellem Training« die Rede.

Dabei sind die individuellen Persönlichkeitsmerkmale für ein Hundetraining oder gar die Therapie von Verhaltensauffälligkeiten durchaus relevant. Nur wer weiß, wer das Gegenüber ist, und wo die individuellen Stärken und Schwächen liegen (und das gilt im Training für Mensch und Hund), kann auch individuell auf dieses Team eingehen. Eigentlich sollte doch klar sein, dass man mit einem unsicheren, introvertierten Hund, für den Kooperation ein Fremdwort ist, ganz anders umgeht, als mit einem offenen und verspielten Kindskopf mit Freude an der Zusammenarbeit – auch dann, wenn beide Hunde genau das gleiche Thema haben. Und auch wenn wir vermeintliche Verhaltensauffälligkeiten außen vor lassen, wird das Reisen durch die Kenntnis der Eigenschaften der Mitreisenden einfacher – und spannend ist sie obendrein!

Doch nun zu meiner Reisegruppe:
Die Arbeitsgruppe um Dr. Àdám Miklósi (Leiter des Lehrstuhls für Ethologie an der Eötvös Loránd Universität in Budapest. Er betreut die größte Forschungsgruppe in Europa, die sich ausschließlich mit dem Verhalten von Hunden beschäftigt.) hat einen Fragebogen entwickelt, anhand dessen man die Persönlichkeitsachsen eines Hundes beurteilen kann. Die Ergebnisse meiner Reisegruppe in diesem Fragebogen stimmen weitgehend mit meiner Beurteilung meiner Hunde überein, darum ziehe ich ihn für die folgenden Beschreibungen meiner Reisebegleiter als Grundlage heran.

Reisen? Wozu das denn?

Da ist zunächst Güneş, mein Dönertierchen, ein Hund, den ich vor 14 Jahren von der türkischen Mülltonne auf die Münchner Couch umgesiedelt habe – ohne sie zu fragen, ob sie überhaupt als

Hund mit Migrationshintergrund in der Großstadt leben möchte. Sie hätte damals »nein« gesagt, und ich denke seither anders über den Auslandstierschutz. Aber das ist ein anderes Thema. Also schauen wir uns das Dönertier mal genauer an, die eigentlich Güneş heißt und zur seltenen Spezies »Canis autisticus« gehört. Das Dönertier ist ein echter HOR, ein Hund ohne Rasse. Die Adaption vom Lebensraum Mülltonne zum Lebensraum Couch gelang dem Dönertier seinerzeit gut, im Gegensatz zur Adaption an alles, was nicht Couch war und somit für das Dönertier eine große Bedrohung darstellte. Himmel zum Beispiel.

Das Dönertier war unberechenbar, zumindest gelang es dem »Meier Canine Research Lab« und seinen Mitarbeitern bis heute nicht, tiefere Einblicke in das Dönertier-Hirn zu bekommen. Plötzliche akut-autistische Anfälle kommen und gehen – wie ein Beagle.
Abhilfe schafft hier nur das vom Dönertier entwickelte Schüttelyoga, das offenbar das Hirn kurzfristig so durchschüttelt, dass die Himmelangst kurzfristig vergessen bzw. in hintere Ecken des Gehirns abgeschoben wird.

Erwähnenswert ist auch das Hinlege-Verhalten des Dönertiers: 20-maliges Um-die-eigene-Achse-Drehen, bevor die richtige Liegeposition gefunden ist, ist keine Seltenheit. Oft ist die Nacht vorbei, bevor der Canis autisticus sich endlich gebettet hat. Wenn sie dann allerdings endlich liegt, verpasst sie oft den Anschluss an den

Rest der Reisegruppe, wenn Ausflüge auf dem Programm stehen. Aber das kann ja mal passieren ...

Vor noch größere Rätsel stellt mich aber das Fressverhalten des Dönertiers, das im Laufe der Evolution stark modifiziert wurde. Von FRESS-verhalten zu reden wäre in diesem Fall auch übertrieben, denn für das Dönertier sind ca. 11 Monate im Jahr Ramadan. Dass Meier Sabberfäden bis zum Boden entwickelt und kurzfristig Pawlow heißt, wenn der Canis autisticus mal wieder den Napf anschaut, als wäre sie die Protagonistin der Blechnapfaffäre gewesen, kümmert das Dönertier auch nicht (sie ist unerbittlich), und führt nicht zum Fressen, sondern ausschließlich zum Zähnefletschen. Fressen wird in den Augen des Dönertieres einfach völlig überbewertet. Die Ausnahme zur Regel sind lediglich Döner und Weißbrot (auf die Futterprägung kommen wir später noch), die sie kurzfristig sogar den Himmel vergessen ließen.

Als ganz besonderen Saft produziert das Dönertier Günizin, eine sehr seltene und gefährliche Substanz. Die Dosis macht das Gift. Wo homöopathische Dosen zu massiver Oxytocin-Ausschüttung beim Frauchen und beim Dönertier führen, zieht schon ein Quentchen zu viel die Bekanntschaft mit den Hauerchen des Dönertiers nach sich – die allerdings extrem gehemmt zubeißen.

Alles in allem lässt sich festhalten, dass das Dönertier eine unglaublich liebenswerte Grande Dame ist, wenn man sich auf ihre zahlreichen Ecken und Kanten einlässt, mit ihren autistischen

Zügen kein Problem hat, entschleunigte Hunde mag und sich traut, sich auch mit einem stark anorektischen Hund in der Öffentlichkeit blicken zu lassen.
Jedenfalls waren wir alle sehr glücklich, dass das Dönertier, das aus medizinischer Sicht eine ähnliche Großbaustelle darstellte, wie der Berliner Flughafen, noch viele Jahre sein Fressen verteidigte und den Himmel im Auge behielt. Und das tat sie tatsächlich bis zum letzten Tag.

Auf dem Fragebogen von Ádám Miklósi erreichte sie bei der emotionalen Stabilität null von acht möglichen Punkten. Sie war ein Hund, der in der ständigen Angst lebte, dass ihr eines Tages doch noch der Himmel auf den Kopf fallen könnte. Denn dass Himmel dazu bisher nicht mal ansatzweise Anstalten gemacht haben, machte die Sache auch nicht besser, denn Himmel waren in ihren Augen absolut unberechenbar. Nur ein Beispiel von vielen dafür ist die Geschichte mit dem Kaugummi – glücklicherweise dem einzigen Kaugummi, der uns auf unserer Reise begegnet ist.
So waren wir eines Tages in München, wo wir damals lebten, an der Isar spazieren, als sie auf einmal aus heiterem Himmel anfing, wie am Spieß zu schreien und hysterisch durch die Gegend zu rennen. Alle Versuche, sie einzufangen, scheiterten kläglich. Langsam kam auch in mir die Panik auf, denn es hörte sich an, als befände sich das Dönertier gerade im Todeskampf. Es blieb mir aber nichts anderes übrig, als den gesitteten Rückzug nach Hause anzutreten – in der Hoffnung, dass sie mir folgen würde, um in aller Ruhe auf der Couch zu sterben (Nein, zwischen Isar und unserer Wohnung gab es keine Straße, nur ein Gartentürchen, und sie wäre niemals weggelaufen!). Nach gefühlten Stunden wurde es ihr draußen tatsächlich zu bedrohlich, weil sich inzwischen besorgte Menschenmassen eingefunden hatten, die sich dieses Naturschauspiel nicht entgehen lassen wollten. Zu Hause war es dann endlich möglich, das Dönertier, das inzwischen nur noch leise vor sich hin wimmerte, eingehend zu untersuchen. Ich rechnete mit einem Schlangenbiss oder Insektenstich, wenigstens irgendeiner kleinen Verletzung, musste aber feststellen, dass ihr schlichtweg ein Kaugummi zwischen den Ballen klebte. Ein extrem instabiler Hund. Güneş fühlte sich nach dieser für sie prägenden Erfahrung in ihrem prinzipiellen Misstrauen gegenüber der ganzen Welt, Kaugummis und dem Himmel bestätigt – und ich mich im wissenschaftlich evaluierten Fragebogen von Ádám Miklósi.

Sie erinnern sich an die Worte weiter oben? »Je nachdem, wie jemand ist, was für eine Einstellung er hat, so wird er die Welt sehen und seine eigene, selektive Wahrnehmung entwickeln. Diese individuelle Wahrnehmung ermöglicht manche Lernerfahrungen leichter als andere und prägt dadurch wiederum das Weltbild.« Auch wenn der Kaugummi nicht von oben kam, hat sie ab diesem Tag den Himmel noch ein bisschen besser im Auge behalten …

Auf der Achse der Offenheit – Verschlossenheit erreichte sie einen stolzen Punkt von zehn möglichen Punkten. Es dauerte stets sehr lange, bis sie sich in neuen Umgebungen explorativ zeigte oder sich fremden Menschen gegenüber öffnete. Auch das zeigt der Umgang mit der neuen Situation »Kaugummi an Pfote«. Ein sehr offener Hund, wie etwa Meier, hätte das »Ding« sofort eingehend untersucht und im Zweifelsfall gefragt »kann man das essen«? Ja, das Dönertier hätte sich als Dauercamperin auf einem ihr gut bekannten Campinglatz sehr wohl gefühlt …

Die Geselligkeit ergab bei ihr drei von acht möglichen Punkten, auch das passt. Sie kam mit den anderen Hunden gut zurecht, führte ein strenges Regime, aber sie hätte sie nicht unbedingt zu ihrem Glück gebraucht. Sie war eher eine Einzelkämpferin. Menschen gegenüber war sie sehr misstrauisch, mit ihr zu kooperieren war so gut wie unmöglich.

Bei der Extraversion brachte sie es auf null von sechs Punkten. Sie zog die Distanz vor, beobachtete das Treiben lieber aus der Ferne, als sich selbst einzumischen. Sie war eher abwartend, scheu und zurückgezogen. Und dabei absolut liebenswert.

Reisen mit Güneş? Wozu das denn, hätte sie gefragt. Man kann doch auch einfach zuhause bleiben.

Auf Interrail-Tour mit Andra

Die nächste im Bunde ist Andra, auch genannt Andralala, Andralinchen, Frau Meier oder auch, an guten Tage (und das sind Andras Tage fast immer) Andrakete. Sie ist eine Beaglehündin, die inzwischen über 13 Jahre auf dem Buckel hat – okay, wenn Karnickel anwesend sind, mutiert sie schlagartig wieder zur Zweijährigen. Auch auf dem Buckel hat sie eine dicke Narbe, denn Andra war ursprünglich eine medizinisch-technische Assistentin, bzw. sollte es eigentlich werden. Sie wuchs in der Uni, in der ich damals studierte, auf und sollte eigentlich in einem Versuch zur mutterlosen Aufzucht von Welpen teilnehmen. Das Schicksal wollte es anders, Andra überlebte im Alter von drei Wochen einen Brand, verursacht durch eine ins Stroh gefallene Wärmelampe, und saß daraufhin als »Brandra« alleine in der Klinik. So wenig Ahnung ich damals von Hunden hatte, so klar war mir trotzdem, dass das für einen Welpen nicht gut sein kann. Also nahm ich sie mit, in der festen Überzeugung, dass sie auf jeden Fall vermittelt wird, wenn sie alt genug ist, denn ich hielt mich selbstverständlich für immun gegen den Spruch »einmal Beagle, immer Beagle«. Denn eines war klar: Ich wollte niemals einen Beagle! Alles, was ich damals über die Rasse wusste, war, dass sie selbstständige Jäger (wer tut sich so etwas freiwillig an?) und dass sie stur und verfressen sind. In ihren jungen Jahren – so munkelt man – war Andra eine große Anhängerin der Sommerfrische und türmte mehr als einmal vom Balkon im ersten Stock(!), um den Tag draußen zu genießen. Seither weiß man im Ostallgäu, was es bedeutet, bekannt wie ein bunter Hund zu sein. Seit ich Andra habe, weiß ich also, warum ich nie einen Beagle wollte. Sie sind extrem selbstständige Jäger, stur und verfressen. Eigenschaften, die sie nicht unbedingt zu optimalen Familienhunden machen, aber sie sind auch vieles mehr: unglaublich liebenswerte Optimisten, die mich mit ihrem unbändigen Willen und ihrer Beharrlichkeit (ja, man könnte auch weniger positiv von Sturheit reden) gepaart mit einer unglaublichen Energie ziemlich schnell um den Finger gewickelt haben.

Einmal Beagle, immer Beagle?! Ja! Eine tolle Rasse, wenn man weiß, worauf man sich einlässt. Sie lehren Menschen Furchtlosigkeit, Selbstständigkeit und die Tatsache, das Leben mit Humor zu nehmen. Man könnte sagen, sie fördern uns wohlwollend in unserer Persönlichkeitsentwicklung. Und wenn man damit fertig ist? Richtig, dann zieht der zweite Beagle ein. Ich rate also jedem von dieser Rasse ab und denke still und heimlich: einmal Beagle, zweimal Beagle, immer Beagle!
Das Andra-eigene Hormon ist das Andrazin, eine Substanz, die sehr selten ist, wenn sie aber mal

Beagle sucht

Begleitung für Abenteuerurlaub, gerne in der Gruppe! Ich bin sehr aktiv, verträglich, für jeden Blödsinn zu haben und möchte mich unterwegs keinesfalls langweilen. Bunny-Jumping an der Schleppleine gibt Dir den richtigen Kick? Du bist wild auf Wild and unternehmungslustig? Du kannst Dich auch mal alleine im Wald beschäftigen und bist nach getaner Arbeit einem guten Essen nicht abgeneigt? Dann melde Dich unter der Chiffre »Hase«.

anflutet, dazu führt, dass ich beim Kraulen des Beagletieres einen völlig verzückten Blick bekomme. Das Andrazin ist eine stressdämpfende Substanz, die bei den Kraulern zu massiven Oxytocin-Ausschüttungen und zu Herzchen in den Augen führt.

Andra ist, trotz ihres suboptimalen Starts ins Leben, doch eine ziemlich typische Rassevertreterin. Bei der emotionalen Stabilität bringt sie es auf 6 von 8 möglichen Punkten. Zugegebenermaßen noch zwei Punkte Luft nach oben, aber so schnell bringt sie trotzdem nichts aus der Ruhe.

Was die Offenheit für neue Erfahrungen angeht, ist sie unschlagbar. Dauercampen war nie ihr Ding, sie geht bis heute gerne neue Pfade. Hier nur ein Beispiel für Andras Hang zu individuellen Abenteuerreisen: Ich war im Urlaub und hatte meine (damals) beiden Hunde einer Freundin anvertraut – natürlich mit der strikten Auflage, Andra nicht von der Schleppleine zu lassen! Andra zeigte sich eine Woche lang von ihrer Honigseite und wog meine Freundin solange in Sicherheit, bis diese am letzten Tag meines Urlaubs die Leine schleifen ließ ... Und wieder einmal war Andra von jetzt auf gleich wie vom Erdboden verschwunden. Sofort wurde eine große Suchaktion gestartet, die Polizei informiert, Zettel aufgehängt, Leute befragt. Im Radio wurde sogar eine Suchmeldung durchgegeben. Alles ohne Erfolg. Ich saß derweil heulend in Florenz und wurde mit jeder Stunde die verging sicherer, künftig nur noch einen Hund zu haben, denn so lange war sie bis zu diesem Tag noch nie verschwunden gewesen. Gegen Abend rief meine Freundin noch einmal bei der selben Polizeidienststelle an und hatte das Glück, diesmal einen Beamten an der Strippe zu haben, der endlich auch weitergab, dass einer Frau bereits morgens ein Beagle zugelaufen war. Als die Freundin dann Andra abholte, stellte sich heraus, dass sie gleich in der Früh auf dem Zooparkplatz in ein wildfremdes Auto gestiegen und mit nach Grünwald, das Villenviertel von München, gefahren war. Dort hatte sie den wahrscheinlich lustigsten Tag ihres Lebens, war der Star auf einem Kindergeburtstag, bekam Geburtstagskuchen, durfte am Würstelschnappen teilnehmen (das hat sie bestimmt gewonnen!) und hieß »Gina«. Ich war heilfroh und dankbar, dass ich meine »Kamikaze-Gina« am nächsten Tag, als ich aus dem Urlaub kam, wieder in die Arme schließen durfte! Diese »Offenheit für neue Erfahrungen« hat sie sich bis heute ins hohe Alter bewahrt. Ich mag ihre Abenteuerlust sehr gerne, solange sie sie nicht uneingeladen auf fremden Kindergeburtstagen auslebt.

Zehn von zehn Punkten!

In Bezug auf die Geselligkeit/Verträglichkeit, ist sie mit sechs von acht Punkten ziemlich verträglich und rassetypisch aufgestellt. Denn als Meutehund tut man sich als Einzelgänger schwer. Andra ist auch durchaus kooperativ. Wie bereits erwähnt, trifft das nur dann nicht zu, wenn ich sie mit schlechter Laune anstecke ...

Einzig ihre Extraversion ist nicht rassetypisch, denn hier erreicht sie nur einen von sechs möglichen Punkten. Sie ist eher introvertiert und wahrt Distanz. Sie hält sich erst einmal zurück, egal ob es sich um fremde Menschen oder Hunde handelt. Auf einer Party wäre sie der Gast, der zwar verträglich ist, aber nicht unbedingt der tolle Hecht, der mit seinen Geschichten alle unterhält und sofort im Mittelpunkt steht. Wenn man sie aber anspricht und auf sie zugeht, kann man durchaus tolle Gespräche mit ihr führen. Sie ist trotzdem ein sehr sozialer Hund.

Mit Andra würde ich auf Interrail-Tour gehen: jeden Tag eine andere Stadt, für Abwechslung ist gesorgt, und wenn man im Zug auch mal seine Ruhe hat, kommt das der Harmonie auf der Reise ja unter Umständen sehr entgegen.

Oder doch lieber das Ferienhaus in der Toskana?

Piccolo ist ein Chihuahua-Mix von stolzen 30 cm Rückenhöhe und mit ganzen drei Kilogramm Kampfgewicht. Ein Stelzenhamster, also auch ein Hund, den ich eigentlich nie haben wollte. Inzwischen weiß ich, dass er nicht klein ist, sondern einfach ein Konzentrat. Und eine sehr große kleine Persönlichkeit! Er ist ein echter Canis etepetetus. Der Name ist Programm. Ich weiß zwar nicht, was es ist, aber Wasser ist auf keinen Fall sein Element. Schmutz auch nicht. Kälte schon gar nicht. Mit seiner Blockwart-Mentalität macht er sich allerdings nicht nur Freunde, der Name »die Piccozei« kommt nicht von ungefähr. Es wird gemunkelt, dass er in Wirklichkeit ein polnischer Piccozei-Oberhauptmeister aus Posen ist. Sollten sich diese Gerüchte als wahr herausstellen, ist anzunehmen, dass Picculus Pickulsikus für die Sitten-Piccozei arbeitet – denn mit Sittenwidrigkeiten hat der Canis etepetetus große Probleme. Mit anderen Verstößen gegen geltendes Recht (vor allem, wenn es um sein Recht geht) auch. Wenn sich sonst keiner kümmert, tut es Piccolo. 3 Kilogramm für den Weltfrieden!

Ansonsten ist er auf die Welt gekommen, um es allen Recht zu machen. In dieser Eigenschaft ist auch sein besonderes Hormon, das Piccozin erwähnenswert. Piccozin hat dem Oxytocin ähnliche Eigenschaften, allerdings ist die Wirkung stark potenziert. So reicht ein Blickkontakt mit dem Zwerg aus, um das Glückshormon bei den Blick-Beschenkten sprudeln zu lassen. Ein

Piccozist auf dem Schoß ersetzt den Arzt. Und das weiß er auch.

Was seine Gelassenheit angeht, gibt es durchaus Luft nach oben: vier von den acht möglichen Punkten erreicht der Zwerg. Egal, was ist, es wird erstmal lautstark von Piccolo kommentiert. Meine Instabilität, die zum Glück nicht besonders ausgeprägt ist, überträgt sich sofort auf ihn. Stabil ist er nur dann, wenn sein Umfeld es ist.

Dafür – oder trotzdem – ist er sehr offen für neue Erfahrungen (zehn von zehn Punkten), schaut sich alles an und ist für fast alles zu haben. Das aber sicherlich nur, weil ich immer verhindert habe, dass er schlechte Erfahrungen macht. Hätte er diese jemals gemacht, bin ich sicher, dass sich sein Weltbild ganz schnell komplett ins Gegenteil verkehrt hätte.

Die erreichte Geselligkeit, nämlich drei von acht Punkten, passt zu ihm. Er kommt gut mit meinen anderen Hunden aus, aber er braucht sie nicht für sein Seelenheil. Wichtig ist ihm, dass sein Mensch für ihn da ist, und den würde er auch lieber nicht mit anderen teilen müssen. Fremde große Hunde, vor allem dann, wenn sie wild sind, sind ihm unheimlich, aber das kann man ihm nicht verdenken.

Piccolo ist ein sehr extravertierter Typ. Seine Launen sieht man ihm sofort an und er macht keine Anstalten, sie zu verbergen. Mit seinen langen Haxen passiert es durchaus, dass er mal mit dem falschen Bein aufsteht, und das bekommen die anderen Hunde hier dann auch sehr schnell zu spüren. Kein Wunder, bei fünf von sechs Punkten bei der Extraversion.

Ich denke, ein Urlaub in Piccolos Sinne wäre ein Ferienhäuschen für zwei Personen in der Toskana, da ist es ja auch meistens schön warm, und man kann von dort aus gut Ausflüge in die nähere und weitere Umgebung machen, Kultur und gutes Essen genießen und ist im Zweifelsfall schnell wieder zuhause. Doch, er ist ein typischer Vertreter der Toskana-Fraktion.

Wer braucht schon Gepäck?

Der letzte im Bunde ist Meier, seines Zeichens ein Beaglerüde, und inzwischen acht Jahre alt. Meier habe ich mit einem guten halben Jahr aus fünf-

ter Hand übernommen, damals als »Timmi«. Empört erzählten mir die vierten Halter, die Meiers, dass der Hund Bobby geheißen habe, als sie ihn übernommen haben. Das sei aber doch kein Name für einen Beagle! Also haben sie ihn Timmi genannt. Aha.

Auch Timmi Meier sollte definitiv nur bleiben, bis ein Platz für ihn gefunden wurde. Denn ich wollte ja niemals einen Beagle und entsprechend noch viel weniger zwei Beagles. Meier war eine Herausforderung, und schon beim ersten Treffen wusste ich, warum er bisher jedesmal abgegeben wurde. Aber er war auch damals schon die coolste Socke, die man sich vorstellen kann. Klar, ein absolut unbeeindruckbarer Hund ist eine Herausforderung, denn das, was ihn so cool und souverän macht, macht ihn auch so anstrengend. Habe ich schon erwähnt, dass ich Herausforderungen liebe?

Wenn der Meiermann nicht gerade an einer schweren KGV (Kadavergehorsams-Virus)-Infektion) leidet, ist er von chronischer Taubheit befallen. Sein Hörvermögen ist dann gleich null, extra dafür besitzt er ein einzigartiges Durchzugsorgan, das im Laufe der Verziehung perfektioniert wurde. Er ist wendig, berechnend und weg. Im häuslichen Bereich ist er eher faul, pupsend und verfressen.

Nähere Erläuterungen:

Die chronische Taubheit ist als relativ zu betrachten und sehr selektiv. Raschelt irgendwo im Umkreis eines Kilometers ein Müllsack, ist der Canis saufratzus im Vollbesitz all seiner Sinne und gibt Fersengeld in Richtung des Zielobjektes. Wild und wütend hinterher fuchtelnde und schreiende Frauchen hingegen werden nicht mehr wahrgenommen, was ein Symptom der plötzlich auftretenden »Blitztaubheit« ist. Ebenso verhält es sich mit der Abruf-Wahrnehmung, denn durch hustende Rehe im 50 km entfernten Wald ist der gemeine Wald- und Wiesensaufratz jederzeit blitzschnell und vorbildlich abrufbar. Zur Rolle des Frauchens in dieser Situation, siehe oben ...

Die Konzentrationsfähigkeit dieser Gattung erreicht ihren Höhepunkt bei der genauesten Beobachtung eines jeden einzelnen Bissen Essens, der im Mund der dazugehörigen Menschen verschwindet. Daran, dass der Happen durch telepathische Kräfte seine Richtung ändert, glaubt allerdings nur der Saufratz. Das Lebensmotto des Saufratz' lautet: »Wer früher geht, ist länger weg« – allerdings kommt es hierbei zu starken Interessenkollisionen mit seiner Erziehungsbeauftragten.

Meier erreicht auf allen Persönlichkeitsachsen die volle Punktzahl. Stabilität acht von acht Punkten. Sollte er dennoch einmal scheitern, tut er es grandios: Krönchen richten, bloß nichts anmerken lassen und schon gar nicht das eigene Weltbild erschüttern lassen. Meier hat die beneidenswerte Fähigkeit, sich die Welt genau so zu basteln, wie sie ihm gefällt, und dadurch gesichtswahrend aus allen Situationen zu kommen.

Offenheit für neue Erfahrungen? Klar, immer! Wo sind neue Abendteuer zu bestehen? Ich bin dabei! »Nur« zehn Punkte, weil es nicht mehr gibt ... Ach so: Je »erlaubter« etwas ist, desto langweiliger ist es!

Auch die Reisen durch verschiedene Hundehalterhaushalte, die er bereits in seiner frühen Jugend unternommen hat, wurden von ihm offenbar durchaus positiv bewertet. Es wurde sich ja schließlich gekümmert, und dafür gesorgt, dass bei dem Herrn keine Langeweile aufkam. Das ist übrigens ein schönes Beispiel dafür, wie entscheidend die Persönlichkeit für den Umgang mit sich selbst und die Umwelt ist. An einen Hund mit einer geringen Punktzahl auf dieser Persönlichkeitsachse, wäre der mehrmalige Halterwechsel sicherlich nicht spurlos vorbeigegangen.

Auch die Geselligkeit / Verträglichkeit liefert bei ihm acht volle Punkte. Meier mag Menschen und andere Hunde. Klar, wer sollte ihm sonst die in seinen Augen angebrachte Bewunderung entgegenbringen? Auch ein Held ist nur ein Hund, wenn niemand bemerkt, was für ein Held er ist ...

Außerdem ist Meier ein extrem extravertierter Hund. Man sieht ihm seine Gestimmtheit sofort an, und die ist immer positiv. Schlecht gelaunt habe ich ihn tatsächlich in all den Jahren nie erlebt. Er ist in unserer Reisegruppe der Animateur, der immer mittendrin statt nur dabei, stets gut gelaunt und in der Lage ist, andere mitzurei(s)sen.

Meine Aufgabe ist es eher, ihn auch mal auszubremsen, auf den Boden der Tatsachen zurückzuholen, wenn er, wie so oft, die Bodenhaftung verloren hat, und dafür zu sorgen, dass er durch seine unbekümmerte Art weder sich in Probleme bringt, noch anderen damit auf die Nerven geht. Um Meier glücklich zu machen, müssten wir unseren Urlaub in einem Survival Camp irgendwo in bisher unbekannten Gebieten am Amazonas verbringen und am besten nie mehr nach Hause kommen. Eine lebenslange Weltreise wäre auch eine gute Option für ihn.

Ich hoffe, dass dieses Kapitel verdeutlicht hat, wie wichtig es ist, den Hund und seine Persönlichkeit ernst zu nehmen und im Alltag darauf einzugehen. Es macht vieles einfacher! Hätte ich Güneş all das zugemutet, wofür Meier brennt, hätte sie sicherlich ihre Koffer gepackt und wäre abgewandert. Und müsste Meier das Leben führen, das Güneş gelebt hat, würde er vor lauter Langeweile noch mehr Blödsinn machen, als er es sowieso schon tut.

Die Rückschlüsse auf die Persönlichkeit der Reiseführerin, die diese Persönlichkeiten auf ihrer Reise durch das Hundeleben begleitet, überlasse ich Ihnen. Aber Sie können sich sicher sein, dass sich Persönlichkeitsmerkmale all meiner Hunde auch in mir wiederfinden.

3

Individualreisen oder Reisen in der Gruppe?

Mehrhundehaltung oder doch nur die Haltung mehrerer Hunde?

»Wenn Du schnell gehen willst, dann gehe alleine. Wenn du weit gehen willst, dann musst Du mit anderen zusammen gehen«

Gemeinsam sind wir unausstehlich? Der Trend zu Gruppenreisen lässt sich in den vergangenen Jahren in Deutschland immer öfter feststellen. Auch hier im Hause begann es ganz harmlos – mit Güneş, dem Dönertier – und ehe ich mich versah, waren es plötzlich vier ...

Welche Vorteile bringt das Leben mit mehreren Hunden? Bringt es überhaupt Vorteile? Wie schaut es mit den Nachteilen aus? Und was ist überhaupt eine Mehrhundehaltung, was die Haltung mehrerer Hunde?

Vor 14 Jahren ...

Es klingelt an der Tür. Ein »Wuff« von Güneş, ein klares »Nein« von mir, verbunden mit dem Kommando »Körbchen« und Güneş trottet – wenn auch widerwillig – ins Körbchen und bleibt liegen, bis sie wieder aufstehen darf.

Vor 13 Jahren ....

Es klingelt an der Tür. Andra, die hinzugekommene Beagledame, und Güneş rasen kläffend zur Türe und es braucht schon deutlich mehr Durchsetzungsvermögen, um beide auf ihren Platz zu verweisen und dafür zu sorgen, dass sie dort auch liegen bleiben.

Vor 9 Jahren ....

Inzwischen ist Alarmhund Piccolo (wofür hat man auch sonst solche Radarohren?) zu uns gestoßen, und er nimmt seinen Job ernst. Sehr ernst. Nicht umsonst nennt man ihn »die

Piccozei«. Er meldet das Postauto bereits, wenn es noch im Nachbarort ist – ein leises »grrrrrr« aus seinem kleinen Mäulchen reicht aus, und die zwei Großen stürmen zur Türe, während Piccolo glücklich in seinem Körbchen sitzt und offensichtlich sehr zufrieden mit der Tatsache ist, dass sich die beiden Damen so gut schicken lassen und den Rest des Jobs für ihn übernehmen. Hier Ruhe rein zu bringen gleicht schon einer logistischen Meisterleistung.

Vor knapp 7 Jahren ...

Herr Meier kam zu uns, und seither ist es mit der schönen ländlichen Ruhe ganz vorbei – auch für die Nachbarn. Die Aufgabenverteilung, die schon mit Piccolo begann, wurde perfektioniert, sie wechseln sich beim Wachehalten ab. Einer liegt – wenn erlaubt – immer im Garten und spitzt die Öhrchen. Vor allem Güneş und Herr Meier teilen sich diese Aufgabe, liegen abwechselnd auf Wachposten und kümmern sich um die Gefahrenabwehr. Und Piccolo hat immer noch die Rolle des Alarmhundes inne, die in einer Hundegruppe sehr oft von mittelalten Kastraten besetzt ist, die sich so ihre Daseinsberechtigung im Rudel »erkaufen«.

Zweck-WG oder Mehrhundehaltung?

Die Aufgabenteilung in einer funktionierenden Hundegruppe ist auch das, was sehr oft Probleme bereitet und das Leben von Mehrhundehaltern häufig ungleich schwerer als nur doppelt so schwer macht. Man bzw. Hund hält zusammen, der Besitzer hat es dann oft nicht leicht, die Kontrolle zu behalten und muss eine Menge Kompetenz bei der Führung beweisen. Ein eindrucksvolles Beispiel hierzu sind die regelmäßigen Begegnungen mit einem Maremmano-Mix bei unseren täglichen Spaziergängen. Dieser Hund findet nämlich Piccolo und seinen Duft unwiderstehlich, und wird aufgrund dessen recht aufdringlich. Beziehungsweise wurde, denn je mehr meine Hunde zu einer echten Gruppe zusammengewachsen sind, desto schwerer wurde es für den Marammano, sich dem Objekt seiner Begierde zu nähern. Denn Güneş und Meier nahmen die Aufgabe der Gefahrenabwehr sehr ernst und schirmten Piccolo sofort ab, wenn sich der »Feind« näherte. Und da überlegt sich auch ein Herdenschutzhund zweimal, ob er das jetzt wirklich riskieren will, nur um eine Nase Piccolo zu nehmen. Und der Zwerg kann, mit seinen zwei Bodyguards im Schlepptau, in aller

Ruhe seinen Interessen nachgehen. Bei diesem Beispiel ist es o.k., dass die Hunde das untereinander regeln, denn sie kennen sich, und ich weiß, dass das ohne große Aufregung vonstatten geht. Wäre das nicht so, hätte ich alle Hände voll zu tun, sie vom »Selberregeln« abzuhalten. Aber leider habe auch ich nur zwei Hände ...

Ähnlich schaut es bei Wildsichtungen bzw -riechungen aus. Wenn einer was entdeckt (und das tut die Beaglefraktion eigentlich immer), wird es fast zum Ding der Unmöglichkeit, alle davon abzuhalten, dem Hasen oder seiner Fährte hinterher zu rennen. In meinen Augen muss der Gehorsam jedes einzelnen ungleich besser sein, als von nur einem Hund. Oftmals kommt es auch zu Mobbingaktionen von mehreren zusammenlebenden Hunden gegen einen einzelnen fremden. Weil so was nicht passieren darf, muss der Reiseführer einer Gruppenreise auch hier immer in der Lage sein, seine Meute abzurufen. Das bedeutet auch, dass man den Zweithund erst ins Haus holen sollte, wenn der erste bereits »fertig« ist und einen guten Grundgehorsam zeigt.
Diese Aufgabenverteilung und Gruppendynamik ist das, was für mich den Unterschied zwischen der Haltung mehrerer Hunde und einer echten Mehrhundehaltung ausmacht. Viele Hunde leben nämlich mehr oder weniger harmonisch in einem Haushalt zusammen, aber trotzdem geht jeder seine eigenen Wege und das Ganze gleicht einer Zweck-WG bzw. mehreren Reisenden, die zufällig im selben Hotel abgestiegen sind. Das macht vielleicht die Kontrolle einfacher, ist aber lange nicht so spannend, wie ich finde. Gerade die Interaktionen untereinander sind das, was für mich die Mehrhundehaltung so interessant macht. Der Fernseher ist überflüssig geworden, denn kein Programm kann so viel Spannung bieten wie die heimische Daily Dog Soap: Hunde, die spielen, streiten, kommunizieren, kontaktliegen etc. Und viele Sendungen vermitteln nicht annähernd so viel Wissen, wie die Reisegeschichten, die das Leben schreibt – zumindest die so beliebten Hundeerziehungsserien können da nicht mithalten. Aber das ist ein anderes Thema ...

Übrigens haben meine Vier allesamt kein allzu großes Interesse mehr an anderen Hunden. Man begrüßt sich draußen zwar freundlich, geht dann aber weiter, weil die Hunde, mit denen man sich das Zuhause teilt, offenbar ausreichen.

Die Zusammenführung

Die jeweilige Zusammenführung funktionierte hier bei uns problemlos. Meine Hunde sind alle von Anfang an Hundebesuch gewohnt. Die alte Dame Güneş stellte allerdings immer erst mal klar, dass sie das Sagen und das ältere Wohnrecht besaß, natürlich ohne Beschädigungen, aber durch klare, eindeutige Kommunikation, sprich Fixieren und Bewegungseinschränkung. Das »Opfer« musste in der Ecke stehen und froh sein, dass es atmen durfte. Ich griff nur ein, wenn sie es zu bunt trieb. Das war auch bei den jeweiligen Zusammenführungen so, womit den neuen Mitbewohnern jeweils recht schnell klar gemacht wurde, wer die Hosen anhat und wessen Handtuch schon länger auf dem Liegestuhl liegt. Ich habe ihnen zusätzlich vermittelt, dass die graue Eminenz unter meinem persönlichen Schutz steht und weder angerempelt noch genervt werden darf.

Ein Hund wie Güneş, die durch ihre klare und unmissverständliche Kommunikation keinen Raum für Diskussionen lässt, ist in diesem Fall eine große Hilfe, und auch der zuletzt dazugekommene nervende Beagle-Jungspund, der ja immer noch mal nachfragte, ob das gerade auch wirklich so gemeint war, hat irgendwann kapiert, dass man sich besser an Güneş' Regeln halten sollte, wenn man ein stressfreies Leben führen will. Allerdings hat es bei ihm, wie so vieles, ungleich länger gedauert ...

Ein Hund wie Güneş kann bei der Integration von neuen Gruppenmitgliedern ungemein hilfreich sein, vor allem, wenn es sich um Jungspunde handelt. Wenn man zwei erwachsene Hunde aneinander gewöhnen will, kann die Verteidigung von Ressourcen natürlich zum Problem werden und böse ins Auge gehen. Oder sie mögen sich einfach aus anderen Gründen nicht. Auch unter Hunden gibt es Sympathien und Antipathien.

Wenn man aber seine Hunde kennt und sich auf sie verlassen kann, sollte man sie auch mal eigenständig agieren lassen, denn im Alltag ist Mensch nie immer zur Stelle und kann alles regeln.

Nachteile?

Neben der bereits erwähnten schwereren Kontrollierbarkeit gibt es natürlich auch viele praktische und materielle Punkte, die man beachten sollte. Klar ist, dass zwei Hunde deutlich mehr Kosten verursachen als einer. Das mag bei den »Routineausgaben« wie Futter, Impfungen, Wurmkuren, Liegeplätzen, Halsbändern etc. noch kalkulierbar sein, wird aber ganz schnell zum Problem, wenn z.B. alle Hunde auf einmal ernsthaft krank werden. So standen hier einmal eine Tumor-OP bei Meier, eine erneute Magen-Not-OP bei Güneş, Probleme mit HD und Spondylose und zusätzlich eine Futtermittelallergie und Hormonstörungen bei Andra und eine akute Pankreatitis bei Piccolo gleichzeitig auf dem Plan. Und das neben den laufenden

Tierarztkosten für die Schilddrüsenhormone für die Mädels und den Schmerzmitteln und Magenschutzpräparaten für Güneş. Auch mit dem zum Glück gewährten Kollegenrabatt Grund genug, meinen Existenzgründungszuschuss direkt an die Kollegen zu überweisen. Und mir ist bewusst, dass mit zunehmendem Alter der Protagonisten auch die Tierarztkosten zunehmen werden.

Obwohl meine Hunde ja allesamt nicht die größten sind, wird es auch im Auto ganz schön eng. Und Urlaub, was war das gleich? Einen Hund bringt man sicherlich immer irgendwo unter, aber je mehr Hunde es werden, desto schwieriger wird auch die Unterbringung, erst recht, wenn man keine ganz einfachen Kandidaten als Mitreisende hat. Mit vier Hunden ist man aber auch in den meisten Ferienhäusern nicht unbedingt gerne gesehen, von Hotels ganz zu schweigen. Da aber das Auto ja schon so voll ist, dass sowieso kein Gepäck mehr Platz hat, passt das ja wieder ganz gut ... Außerdem ist Urlaub ja immer nur ein paar Wochen im Jahr, während ich das ganze Jahr über das Reisen mit der Hundetruppe genießen darf. Trotzdem muss man sich der Tatsache bewusst sein, dass so viele Hunde auch Verzicht auf Vieles bedeuten, was für andere selbstverständlich ist. Mit einem Hund ist ein Restaurantbesuch kein Problem, mit vieren schon.

Und dann der Schmutz ... Bis man 16 Pfoten sauber gemacht hat, dauert das. Und aus dem Fell, das ich täglich wegsauge, könnte man Wintersocken und Handschuhe für eine ganze Garnison stricken.

Nicht unbedingt ein Nachteil, aber eine Tatsache, der man sich bewusst sein muss ist, dass die Zeit, mit einem Hund etwas Eigenes zu machen, begrenzt ist. Der Tag hat nun mal nur 24 Stunden. Güneş war ja schon immer eine Arbeitsverweigererin, mehr so der Typ Strand und Cocktail, aber Andra ist schnell für alles zu begeistern und steht mehr auf Aktivurlaub. Mit ihr habe ich von der Rettungshundearbeit über Fährten, Clickern, Agility, bis hin zum Dummytraining alles gemacht, und wir hatten beide viel Spaß daran. Mit jedem Hund wurde das aber

weniger, und heute bin ich froh, wenn ich mit allen gemeinsam schöne Stunden auf Spaziergängen verbringen darf, denn wenn ich mit einem von ihnen für eine bestimmte Auslastung auf den Hundeplatz fahre, sitzen in der Zeit drei andere zuhause und langweilen sich. Sehr deutlich wird das auch am »Wissensstand« meiner Hunde. Während Andra 69 Kommandos beherrscht, kann Herr Meier neben dem Grundgehorsam gerade mal zwei Tricks ... Weil aber das Leben kein Trick-Dog-Turnier ist, ist das in Ordnung. In erster Linie sind meine Vier inzwischen hauptberuflich Hund, im Nebenjob Mäuse- und Reisebegleithunde. Und das ist o.k. so – für mich und die Hunde. Wer aber auf Hundesport und Co. nicht verzichten mag, sollte sich im Vorfeld über das begrenzte Zeitbudget pro Hund bewusst sein. Und auch über die Mehrkosten, die für das Training von mehreren Hunden in einer Hundeschule entstehen.

Fazit

Gruppenreisen sind toll! Ich möchte natürlich keinen einzigen meiner Hunde missen. Aber die

Mehrhundehaltung ist keinesfalls zu unterschätzen. Wie jeder andere Mensch, habe auch ich nur zwei Arme und zwei Augen, was das Handling von vier Hunden schwierig macht. Dass es bei uns so funktioniert, wie es funktioniert, bedeutete viel Arbeit. Manches, wie die Integration und das tägliche Zusammenleben, gestaltet sich mit meinen Hunden recht einfach, weil sie zum Glück alle sehr sozialverträglich sind und kein Problem mit anderen Artgenossen haben. Aber anderes, wie z.B. die Spaziergänge, sind eine wahre Herausforderung – was sicherlich auch daran liegt, dass ich zwar zwei Hunde, aber eben auch zwei Beagles habe, und daran, dass Güneş die letzten Jahre ziemlich alt war, und beim Spaziergang noch mehr hinterherhing als früher, Kaffeefahrten aber nicht unbedingt die Sache der Beagles sind ... Außerdem aber natürlich auch an der bereits oben beschriebenen Gruppendynamik einer echten Mehrhundehaltung.

Wer aber all die Vor- und Nachteile gegeneinander abwiegt, seine Hunde gut kennt und bereit ist, eine Menge Arbeit in die Erziehung zu stecken, wird am Reisen mit mehreren Hunden viel Freude haben – vorausgesetzt, dass die jeweiligen Hunde sich auch für eine Gruppenreise eignen. Denn nicht jeder Hund ist ein Canis pluralis, manche haben ihren Menschen lieber für sich alleine und können auf Artgenossen getrost verzichten. Und das ist dann auch o.k. und sollte respektiert werden.

Der sanfte Start 4

Welpen auf dem Weg ins Leben

»Liebe ist eine Reise in ein unbekanntes Land. Man muss nur den Mut haben, sich darauf einzulassen, ohne zu wissen, was vor einem liegt.«

In der Regel kommen die Welpen, die von Züchtern abgegeben werden, in einem Alter von 8–12 Wochen zu ihren zukünftigen Besitzern. Dieses Zeitfenster sollte, wenn möglich, weder unter- noch überschritten werden. Persönlich rate ich zu einem Abgabezeitpunkt von nicht unter zehn Lebenswochen. Aber natürlich nur dann, wenn der Welpe im Züchterhaushalt optimale Bedingungen vorfindet! Suboptimale Bedingungen waren, wie bereits geschildert, der Grund, warum ich Klein-Andra bereits mit drei Wochen bekommen habe. Denn als drei Wochen alter Beagle alleine in einer Tierklinik zu sitzen, ist tatsächlich ein ziemlich suboptimaler Start für

die weitere Lebensreise. Also nahm ich Andra mit dem Vorsatz mit nach Hause, sie zu vermitteln, wenn sie alt genug ist, und ihr bis dahin wenigstens das Dönertier für die weitere Entwicklung zur Seite zu stellen. Gouvernante konnte sie ja gut, das Fräulein Rottenmeier. Die Sorgen, ob ich deswegen in Zukunft entweder unter der Brücke schlafen oder in meiner damaligen WG mit vier »harten Jungs« bis ans Ende meiner Tage den Putzdienst übernehmen muss, waren umsonst, denn meine Mitbewohner fanden diesen Beaglewelpen bezaubernd – Jagen, Fressen und Sturheit waren ihnen egal und mich beschlich schon am ersten Tag das leise Gefühl, dass das mit der Vermittlung schwierig werden könnte ... Der Rest der Geschichte ist bekannt.

Andra war der einzige Hund, den ich von klein an (und sie war sehr klein – eine Handvoll Beagle) hatte, nur Piccolo ging auch gerade noch als Welpe durch. Güneş war bereits ein gutes halbes Jahr alt, und Meier war der Inbegriff eines

Pubertieres, als er mit gepackten Köfferchen vor der Türe stand.

Jeder Welpe bringt beim Einzug in sein neues Zuhause seine ganz individuelle Vorgeschichte mit, und auch wenn diese wahrscheinlich in den seltensten Fällen so dramatisch ist, wie die von Klein-Brandra, so hinterlässt sie Spuren. Denn jeder Hund hat in seinem kurzen Erdendasein bereits ein ganze Menge Erfahrungen gemacht und Vieles gelernt. Vom Tag der Geburt an muss er sich mit seiner Umwelt auseinandersetzen, mit ihr interagieren. Er reagiert gemäß seiner genetischen Anlagen auf die unterschiedlichen Reize, mit denen er konfrontiert wird. Wichtig zu wissen ist, dass die Grundlagen für die spätere Persönlichkeitsentwicklung des Welpen noch früher, nämlich bereits im Mutterleib beginnen.

Ein neugeborener Welpe ist also kein unbeschriebenes Blatt. Der Welpe, der zu Ihnen ins Haus kommt, ist die Summe seiner bisherigen Erfahrungen. Sein Verhalten ist zu 100 Prozent genetisch bedingt und zu 100 Prozent erlernt. Diese Erklärung erscheint nur auf den ersten Blick paradox oder zeugt von katastrophalen Rechenkünsten der Autorin, entspricht aber der Wahrheit. Eines bedingt das andere. Zwischen einem Welpen und seiner Umwelt kommt es ständig zu Wechselwirkungen. Basierend auf seinen genetisch fixierten und disponierten Anlagen reagiert er auf die unterschiedlichsten Umweltreize, macht dadurch Lernerfahrungen und passt sich so, übrigens auch ganz ohne einen menschlichen Einfluss, den unterschiedlichsten Lebenssituation an.

Warum er wurde, was er ist

Wie bereits erwähnt, hat der Welpe, der bei Ihnen einzieht, bereits eine ganze Reihe von Erfahrungen gemacht. Am wichtigsten ist natürlich erst einmal die Hundemama. Wo kommt sie her? Wie ist ihre Persönlichkeit? In welcher Umgebung und vor allem unter welchen Umweltbedingungen hat sie die Zeit ihrer Trächtigkeit verbracht? Es ist ein Unterschied, ob sie, mit qualitativ hochwertigem Futter ernährt, in der Obhut sozial kompetenter Hundehalter in einem Zuhause mit ausreichender Pflege ihre Trächtigkeitsmonate verbringt oder täglich um die wenigen Abfälle mit anderen konkurrierend, auf den Straßen von Bukarest versucht, hochtragend zu überleben.

Was man bei anderen Tierarten schon seit den 1950er-Jahren weiß, nämlich dass Ratten von Rattenmüttern, die in der Trächtigkeit Stress ausgesetzt waren, auch als Erwachsene ängstlicher und weniger stressresistent sind, ist inzwischen auch beim Hund nachgewiesen: Die Verhaltensentwicklung beginnt bereits im Mutterleib und hängt davon ab, welche Einflüsse die Hündin in der Zeit der Trächtigkeit erfährt. Dauerstress bei der Hundemama führt bereits in der Gebärmutter zu Veränderungen im Gehirn der Welpen. Jungtiere aus solchen Gegebenheiten kommen unsicher und mit weniger gut ausgebildeten Kompetenzen zur Welt, sie entwickeln keine so guten Stressbewältigungsstrategien, ihre Lern- und Bindungsfähigkeit ist eingeschränkt, und auf Außenreize reagieren sie oft unpassend, also entweder mit Ängstlichkeit und Rückzug oder mit unangemessener Aggressivität. Sie haben somit denkbar ungünstige Startbedingungen, die man nur mit viel Mühe, manchmal auch gar nicht, in richtige Bahnen lenken kann. Das so oft gehörte »der ist ja noch jung, da ist noch alles drin, wir haben ja noch die ganze Prägephase vor uns« stimmt also nur bedingt.

Übrigens ist die Forschung heute noch weiter als in den 1950er-Jahren: Nicht nur die direkten Nachkommen von gestressten Müttern sind stressanfälliger als der Nachwuchs von »gechillten« Müttern, sondern sogar deren Nachkommen tragen eine erhöhte Stressanfälligkeit in sich. Dank epigenetischen Einflüssen wird diese Eigenschaft an weitere Generationen weitergegeben.

Stress beginnt im Mutterleib

Hat die Mutter in der Trächtigkeit Stress, wird das Stresshormon Kortisol aus ihrer Nebennierenrinde ausgeschüttet. Dieses fettlösliche Hormon ist plazentagängig, das heißt, es kann in die Welpen gelangen. Und dort hinterlässt es Spuren. Die Veränderungen in der Verhaltensentwicklung, die der Welpe vorgeburtlich erfährt, sind also nicht durch Lernerfahrungen bedingt, sondern laufen auf hormoneller Ebene ab. Dies passiert vor allem im letzten Drittel der Trächtigkeit, die beim Hund normalerweise 63 Tage dauert. Die Folgen sind fatal, da sie sich direkt auf das Stresszentrum der Welpen auswirken. Denn das Stresszentrum im Welpenhirn wächst mit seinen Aufgaben, sprich je mehr Kortisol über die Mutter darauf einwirkt, desto größer und reaktiver wird es. Und das bleibt ein Hundeleben lang so.

Dieses Stresszentrum im Gehirn der Welpen hat wiederum direkte Verbindungen zur Nebenniere, die die Stresshormone produziert. Das sind die Hormone Kortisol (Nebennierenrinde), und Adrenalin und Noradrenalin (Nebennierenmark).

Diese beiden Stresshormonsysteme bleiben ein Hundeleben lang leichter erregbar als bei Hunden, die diesen vorgeburtlichen Einflüssen nicht ausgesetzt waren. Hunde mit solch einer Vorgeschichte reagieren also unter Umständen ihr Hundeleben lang viel heftiger auf kleinste Stressoren, die für einen Hund nicht der Rede wert sind, wenn er diese vorgeburtlichen Einflüsse nicht hatte.

Anfälliger für Krankheiten

Die vorgeburtliche Stresshormon-Flut hat auch andere Auswirkungen: zum einen sind die Welpen weniger widerstandsfähig gegen Infektionen, weil Kortisol das Immunsystem unterdrückt. Zum anderen senkt es bei der Mutterhündin den Spiegel des Schwangerschaftshormons Progesteron, das für die Aufrechterhaltung einer Trächtigkeit notwendig ist. Die Folge ist, dass die Welpen im Mutterleib schlechter versorgt werden. Tatsächlich findet man bei Welpen von dauergestressten Hündinnen oft geringere Geburtsgewichte, und die Kleinen erreichen auch nicht die Tagesgewichtszunahmen, die Welpen von stabilen und ungestressten Hündinnen erreichen.

Man weiß, dass aufgrund des vorgeburtlichen Stresses der Mutter bzw. bei einer in den ersten Lebenswochen der Welpen überforderten, weil unerfahrenen oder gestressten Mutter, weniger Bindungsstellen, sogenannte Rezeptoren, für das Bindungshormon Oxytocin im Welpen angelegt werden. Also hat der Zustand der Hundemama rund um den Geburtszeitpunkt und in den ersten Lebenswochen direkten Einfluss auf die Bindungsfähigkeit der Hunde. Das Oxytocin hat zugleich stressdämpfende Wirkungen, es ist also ein Gegenspieler der Stresshormone.

Den Hundecharakter akzeptieren

Man kann also Vieles nicht mehr ändern, wenn der junge Hund erst einmal auf der Welt ist. Darum ist es so wichtig, auf die Herkunft des Hundes Wert zu legen, oder – wenn man das nicht kann/will – sich darüber im Klaren zu sein, dass dieser Hund unter Umständen jede Menge Altlasten im Gepäck hat, mit denen Mensch sich arrangieren muss. Und das sind nicht nur die vorgeburtlichen Altlasten, sondern auch das Übergepäck, das er in den ersten Lebensmonaten verpasst bekommt. Also sämtliche Erfahrungen, die ihn zu dem machen, der er heute ist.

Ich habe mich immer für die zweite Variante entschieden bzw. wurde entschieden, und habe es nie bereut. Was Hunde angeht, neige ich nicht zum Dauercampen. Solange man die Zusammenhänge kennt und bereit ist, sich auf dieses Abenteuer einzulassen, ist das eine wunderbare Entscheidung! Wenn man allerdings beim Auftauchen erster Probleme das Handtuch wirft und über einen Reiserücktritt nachdenkt, sollte man sich besser im Vorfeld gut informieren und sich wirklich für einen Hund aus einer optimalen Kinderstube entscheiden.

Husky sucht

aktive Begleitung für eine Polarexpedition. Outdoor-Klamotten sind Dein Zuhause? Ein Iglu ziehst Du einer Suite vor? Bei »How much is the fish?« hält Dich nichts mehr auf den Stühlen? Dann bist Du unter Chiffre: »Scott und Amundsen« genau richtig!

Natürlich kann man an diesen Baustellen arbeiten, man muss es sogar, aber gewisse Dinge lassen sich eben nicht mehr ändern, obwohl Hunde eine ungeheure Gabe zur Kompensation haben. Oft nimmt man sehr viel Druck aus einem Mensch-Hund-Team, wenn man die Charaktereigenschaften eines Hundes akzeptiert – ohne sie als Ausrede zu verwenden! – und versteht, dass nicht aus jedem Hund der »Kumpelhund« wird, der einen in die Großstadt begleitet, Nerven wie Drahtseile hat und sich im Tumult eines Hauptbahnhofs wohlfühlt. Unter Hundepersönlichkeiten gibt es eine ebenso große Vielfalt wie unter menschlichen Charakteren. Wenn ich meinen Hund mit seinen Anlagen so nehme, wie er ist, und nicht auf Teufel komm raus versuche, ihn zu dem zu verbiegen, was ich gerne hätte, wird das Leben für Hund und Mensch in vielem leichter.

Mein Dönertierchen war diesbezüglich ein Lerngeschenk! Ich denke mit dem heutigen Wissen, dass vieles, was sie an Eigenschaften im Gepäck hatte, ihrer Herkunft auf der Straße geschuldet war. Das Misstrauen und die Vorsicht, die Angst, dass ihr der Himmel auf den Kopf fallen könnte, die sie sich bis zum Ende bewahrte, wären sicherlich für den Lebensraum Straße sinnvolle Eigenschaften gewesen, in unserer Zivilisation machten sie uns allen das Leben manchmal ganz schön schwer. Aber das war Güneş! Und es war gut, dass sie genau so war. Anfangs tingelten wir von Hundeschule zu Hundeschule, ich steckte all meine Energie in die Probleme dieses Hundes, und mein Leben begann, sich fast nur noch darum zu drehen. Ich wollte sie ändern! Und je mehr ich tat, desto weniger funktionierte.

Sie war eine Großbaustelle mit allem Charme, den eine Großbaustelle haben kann. Als Fotografin hat man ja eine andere Sicht auf die Dinge ... Ja, sie hatte Probleme und es waren unsere Probleme, nicht ihre. Heute weiß ich aus unzähligen E-Mails und Gesprächen, dass viele Hundehalter dieses Schicksal, wenn auch mit anders gelagerten Themen, teilen und auch daran verzweifeln. Man sieht in so einer Situation nur noch das, was nicht funktioniert, und verliert darüber all die tollen Eigenschaften eines Hundes aus den Augen. Das ist ein Problem bzw. verschärft die Problematik. Denn die Unzufriedenheit und Unsicherheit überträgt sich auf den Hund, und der Kreislauf Hund-Halter-Hund-Halter ... wird zum Teufelskreis. Die Energie folgt der Aufmerksamkeit. Erst als Andra zu uns stieß und meine Aufmerksamkeit und Energie dem Beagle folgte, der das Buch mit der Rassebeschreibung und vor allem das Kapitel über das Jagdverhalten des Beagles ausgiebig gelesen hatte, und Güneş plötzlich nicht mehr im Fokus stand, machten wir Fortschritte. Sie durfte auf einmal so sein, wie sie nun mal war, und das bewirkte Entspannung. Entspannung, die uns beiden gut tat. Und ich sah, dass dieser Hund eben nicht nur aus Problemen bestand, sondern viele wunderbare Eigenschaften hatte. Sie war das einzigartigste Hundchen, das mir bis dahin (und seither) begegnet ist. Die Betonung liegt

hier auf einzig, denn artig war sie nicht. Dafür einzigartig schön, einzigartig einnehmend, einzigartig ungewöhnlich, einzigartig clownesque, einzigartig liebenswert, einzigartig sanft, einzigartig deutlich in ihrer Körpersprache, einzigartig zäh, einzigartig autistisch und einzigartig mäkelig. Einfach einzigartig einzigartig und ganz besonders besonders. Unser gemeinsames Leben bestand darin, uns gegenseitig vor neue Herausforderungen zu stellen. Beide sind wir an diesen Herausforderungen gewachsen. Für keinen Hund habe ich jemals so viele Tränen der Verzweiflung, der Sorge, der Freude, der Wut, der Erleichterung und der Trauer vergossen wie für mein Dönertierchen. Und jede einzelne dieser Tränen war es wert.

Sie hat mich so vieles gelehrt, gemeinsam sind wir durch die harte Hundeschule des Lebens gegangen. Welpenspielstunde ist ja für Anfänger! Dank Güneş habe ich verstanden, dass man einen Hund und seine Persönlichkeit nicht an die eigenen Ansprüche und Lebensumstände oder gar an den eigenen Perfektionismus anpassen darf und kann, sondern ihn so nehmen muss, wie er ist. Oder, noch besser, ihn so zu wollen, wie er ist. Sie hat meine Geduld geschult. Anders ist ein Zusammenleben mit einem entschleunigten Hund auch nicht möglich. Alles dauerte bei Güneş etwas länger, sei es das Erlernen neuer Kommandos oder auch ganz alltägliche Dinge, wie das Spazierengehen, das oft eher einem Spazierenstehen glich. Beschleunigt war nur ihr stoffwechselbedingtes Verhalten. Kaum, dass sie ein Bröckelchen Futter intus hatte, stand sie schon an der Türe und musste ganz dringend raus. Dasselbe nach jedem Schluck Wasser. Ein biologisches Kuriosum! Selbst für solche Kleinigkeiten kann man einen Hund lieben. Klingt komisch, ist aber so.

Entschuldigen Sie meinen Ausflug in die wunderbare Welt des Dönertieres, aber ich glaube, dass er an diese Stelle ganz gut passt, ist er doch exemplarisch für das, was viele Hundehalter mit ihren »Problemhunden« erleben. Auch wenn ein Hund im Jetzt und Hier lebt, so hat er doch seine

eigene Persönlichkeit und seine individuelle Geschichte, seine Vergangenheit und sogar die Vergangenheit seiner Mutter, die Einfluss darauf nehmen, wie er sich entwickelt und was für eine Persönlichkeit er wird. Und wenn wir Halter uns das bewusst machen, machen wir es uns auf unserer Reise durch das Hundeleben leichter. Das soll nun keinesfalls bedeuten, dass man nicht an Baustellen arbeiten soll und muss, denn natürlich ist das Ziel immer mehr Lebensqualität für beide Enden der Leine. Aber es ist ein Plädoyer dafür, den Hund und seine Persönlichkeit , die er im Gepäck hat, zu akzeptieren, und den Fokus auch mal auf die positiven Seiten und weg von den Problemen zu lenken. Die Energie folgt der Aufmerksamkeit, und wenn ich das Licht durch den Schatten blitzen sehe, dann wird das Leben etwas heller. Die Entspannung, die dadurch erzielt wird, wirkt sich positiv auf Mensch und Hund aus. Und vielleicht wirkt sich ja das Wissen, warum der Hund so ist, auch positiv auf das Mensch-Hund-Team aus, ähnlich wie in der Pubertät. Verständnis für das Gegenüber ist auch dann wichtig, wenn das Gegenüber ein hündischer Wegbegleiter ist.

Die Entwicklungsphasen eines Hundes

Aber nun zurück zur Entwicklung unseres Reisegefährten. Welche Einflüsse auf den ungeborenen Welpen einwirken, haben wir bereits besprochen. Jetzt werfen wir einen Blick auf die wichtigsten Entwicklungsphasen des Welpen, weil natürlich auch deren Verlauf die spätere Persönlichkeit des Hundes beeinflusst.

Die erste Phase im neugeborenen Hundeleben ist die sogenannte neonatale Phase, die von der Geburt bis zum 14. Lebenstag dauert. Die kleinen Würmchen können anfangs nicht viel tun, außer wachsen, schlafen, saugen und ausscheiden. Aber selbst das Ausscheiden von Kot und Harn funktioniert zunächst nur mit Hilfe der Mutter, die dazu die Anogenitalregion der Kleinen mit der Zunge stimulieren muss.

Die Zwerge sind auch noch nicht in der Lage, ihre Körpertemperatur allein zu regulieren, denn sie

können erst ab der zweiten Lebenswoche zittern, um durch die Muskelkontraktionen Wärme zu bilden. Aber sie können bereits warm und kalt unterscheiden, und wenn sie versehentlich zu weit entfernt von der Mutter liegen und drohen auszukühlen, reicht ein genetisch fixierter Hilfeschrei, damit die Mutter kommt, um den Abtrünnigen wieder in den wärmenden Bereich zurückzutragen.

Bei den Welpen funktionieren aber bereits Geschmacksempfinden, Geruchs- und Tastsinn sowie natürlich die Bereiche im Gehirn, die für Atmung, Herzschlag und Gleichgewichtssinn zuständig sind. Außerdem zeigen sie schon Schmerzreaktionen und Schreckreaktionen auf laute Geräusche. Der Rest des Gehirns, des Körpers und des Nervensystems wächst und entwickelt sich.

Im zentralen Nervensystem kommt es zur Bildung von Schutzhüllen (Myelininscheiden) um die Nervenfasern. Dieser Prozess beginnt im Gehirn und setzt sich langsam nach hinten und unten fort. Das erklärt, warum die Motorik von Hundewelpen anfangs vorne besser funktioniert als hinten. Ich muss immer noch schmunzeln, wenn ich an die kleine, wackelige Andra auf ihren dicken Wurstpfoten denke ...

Übrigens ist milder(!) Stress in dieser Phase vorteilhaft. Ein leicht frierender oder auch hungernder Welpe muss aktiv werden, um zum Beispiel sein Bedürfnis nach Wärme oder Nahrung zu befriedigen. Dabei bekommt er ganz nebenbei erstmals in seinem Leben Grundinformationen über das Prinzip des Lernens. Man könnte hier sogar von Clickertraining für Neugeborene sprechen: Der Welpe hat ein Bedürfnis, wird aktiv und bekommt für die richtige Problemlösung eine Belohnung in Form von Wärme oder Muttermilch. Außerdem fördert dieser milde Stress das Immunsystem und sorgt dafür, dass der Hund sein Leben lang mit Stress und verschiedenen Belastungen besser umgehen kann – eine wichtige Grundvoraussetzung für ein langes und zufriedenes Hundeleben.

Die dritte Lebenswoche eines Welpen wird als Übergangsphase bezeichnet. Der Welpe öffnet die Augen und die Ohren und tritt erstmals mit seiner Umwelt in Kontakt.

Es folgt die Sozialisationsphase, die fließend in die sogenannte Juvenilphase übergeht, die einen sehr entscheidenden Streckenabschnitt auf der Reise durch das Hundeleben darstellt. Zu Beginn dieser Phase nehmen die Neugier und die sozialen Beziehungen sowohl zu den Geschwistern als auch zu den menschlichen Mitbewohnern zu. Außerdem kommt es bis zur sechsten Lebenswoche immer noch zu Zellteilungen im Hundehirn. Danach ist allerding Schluss damit, ab dann werden »nur noch« bestehende Nervenzellen weiter vernetzt und die Vernetzungen werden stabilisiert. Nur Verknüpfungen, die benötigt werden, bleiben auch vorhanden. Alles, was nicht benötigt wird, weil die Reize fehlen, die es als Stimulus dafür braucht, wird in der Pubertät unwiderruflich abgebaut. Je mehr Umwelteindrücke der Hund also erfährt, desto mehr stabile Verknüpfungen entstehen und desto leistungsfähiger sind nachher der Hund, sein Gehirn und sein Organismus. Hunde, die in dieser Phase die für sie und ihre Umwelt richtigen und wichtigen Reize präsentiert bekommen, können sich ihr Hundeleben lang besser auf Stress und wechselnde Lebensbedingungen einstellen. Zu diesen Reizen gehören zum Beispiel der Lebensraum, Artgenossen, Menschen, Geräusche, Futter und vieles mehr. Die Qualität und die Quantität der erfahrenen Umwelteindrücke bilden dann quasi ein Referenzsystem aus, das bei allen späteren Entscheidungen herangezogen wird. Positive Lernerfahrungen, die besonders in dieser Zeitspanne enorm wichtig sind, vermitteln dem Welpen ein Gefühl von emotionaler Sicherheit und Kontrolle über die an ihn gestellten Anforderungen und stärken dadurch sein Selbstvertrauen. Darum sollte der Hund gerade in die-

ser Zeit so viel positive Erfahrungen wie möglich machen, um das Risiko von eventuell später auftretendem unangemessenem Meideverhalten in alltäglichen Situationen so gering wie möglich zu halten. Alles in dieser Zeit als negativ Abgespeicherte kann weitreichende Folgen für das spätere Verhalten des Hundes haben! Passen Sie also gut auf Ihr Hundchen auf, und tragen Sie dafür Sorge, dass es keine negativen Erfahrungen macht, die es nicht bewältigen kann.

In Andras Fall bedeutete das, dass wir die Chance hatten, Feuer – das für sie ja eindeutig sehr negativ belegt war – wieder zu etwas Positivem zu machen. Auf unseren täglichen Runden an der Münchener Isar besuchten wir regelmäßig die Obdachlosen, die dort unter einer Brücke Quartier bezogen hatten. Dort gab es neben dem Lagerfeuer, das Wärme spendete, auch immer ein paar Essensreste für Andra. Es dauerte nicht lange, bis Feuer für (Br)Andra wieder positiv belegt war ... Sehr gerührt war ich übrigens, als ich Jahre später bei einem Besuch in München dort einem der damaligen Würstchenspender begegnete, und es mir schon auf einige Meter Entfernung entgegen tönte, ob das nicht der kleine Hund sei, der damals immer zu Besuch kam.

Fordern, aber nicht überfordern!

Für Sie als Halter ist es wichtig, dass Sie den Welpen zwar früh fördern und fordern, ihn aber keinesfalls überfordern! Wichtig für Ihren Hund ist in dieser Zeit, dass er Reize präsentiert bekommt, die er aktiv aufsuchen kann, wenn er will, dass er aber nicht durch ein »Zuviel« überfordert wird. Denn heutzutage sieht man sehr viele überforderte Hunde – meist passiert das durch Unwissenheit des Besitzers, der es in der Regel optimal machen will und dabei über das Ziel hinausschießt. Auch hier gilt: Die Dosis macht das Gift! Also ist »montags Hauptbahnhof, dienstags Flughafen, mittwochs Fußgängerzone, donnerstags Hundeschule ...« nicht zielführend. Verlassen Sie sich einfach auf die natürliche Neugierde, die jedes Jungtier mitbringt! Lassen Sie den Welpen das Tempo bestimmen, mit dem er neue Reize aufsuchen möchte. Bieten Sie ihm verschiedene Geräusche, Dinge, Menschen, Bodenuntergründe, Futtersorten und Ähnliches an, aber überlassen Sie ihm die Geschwindigkeit der Kontaktaufnahme, er wird das für ihn richtige Tempo finden! Und das ist sicherlich bei einem Meier ein anderes als bei einem Dönertierchen. Beginnen Sie Ihre Reise also in gemäßigtem Tempo, denn zum Fahrt-Aufnehmen bleibt noch genug Zeit. Achten Sie also

unbedingt darauf, dass Ihr Welpe nicht überfordert wird, sondern ausreichende Ruhezeiten hat.

Treppen hoch reisen?

Es ist mir wichtig, auch noch ein paar Worte zu der häufig getätigten Aussage zu verlieren, dass Welpen keine Treppen steigen sollen. Ich beginne mit der etwas provokanten Frage, ob Sie Ihre Kinder auch bis zur Volljährigkeit die Treppen hoch und runter getragen haben? Nein? Aber viele Hundehalter tun genau dies mit ihren Hunden, um die Gelenke zu schonen, oft mit der Folge, dass der Hund, wenn er erst einmal ein Jahr alt ist, noch nie Erfahrungen mit Treppen gesammelt hat und später Probleme damit bekommt. Denn wie so vieles anderes auch, wächst auch die Fähigkeit zum räumlichen Sehen mit ihren Aufgaben. Hunde, die diese Fähigkeit bisher nicht benötigten, weil sie mit solchen Aufgaben nicht konfrontiert waren, tun sich später nicht selten schwer damit. Wie alles andere, so lte der Hund also selbstverständlich auch Treppen kennenlernen. Es gibt übrigens keine einzige Studie, die bestätigt, dass ein Zusammenhang zwischen zu frühem Treppensteigen und später auftretenden Gelenksproblemen besteht. Eine Studie über die Gelenksprobleme von Haltern, die ihren Neufundländer mit über 50 kg Kampfgewicht noch mit einem dreiviertel Jahr jede Stufe hoch oder runter tragen, wäre sicherlich zielführender und würde einen signifikanten Zusammenhang zwischen dem Gesundheitszustand der Gelenke, der Anzahl der getragenen Stufen und dem Gewicht der Hundes ergeben. Sicherlich sollte die Anschaffung eines Bernhardiners für den fünften Stock einer Stadtwohnung noch einmal überdacht werden, aber in Maßen müssen Hunde Treppen, den Umgang mit ihnen, die dafür benötigten Bewegungsabläufe und das räumliche Sehen beizeiten lernen!

Ich hätte bei meinen Hunden auch gar nicht verhindern können, dass sie das Haus sofort mit allen seinen Etagen komplett in Beschlag nehmen – und ich wollte es auch nicht. Trotzdem erfreuen sich alle bester Gelenksgesundheit, bis auf eine, und bei ihr hatte das andere, gravierendere Gründe als Treppen.

Völlig paradox wird es, wenn man sich anschaut, wie viele Menschen zwar verhindern, dass der Hund Treppen geht, aber gleichzeitig mit Welpen und Junghunden ständig ausufernde Ballspiele veranstalten. Abgesehen davon, dass das Ball-»spiel« in den seltensten Fällen etwas mit Spiel zu tun hat (siehe Kapitel Auslastung), kann sich jeder, der über einen gesunden Menschenverstand verfügt und seine Augen zur Beobachtung nutzt, denken, dass das plötzliche Gasgeben und vor allem Abbremsen eine wesentlich größere Belastung für die Gelenke darstellt.

Reisefrust oder Reiselust?

Ein wichtiges Thema für die gesamte Lebensreise und die Harmonie in der Reisegruppe ist der Umgang mit Frust. Neben vielen anderen Dingen sollte Ihr Welpe diesen auf jeden Fall frühzeitig erlernen. Genauer gesagt sollte er ihn nicht verlernen, denn auch in diesem Fall war die Natur mal wieder clever und hat es so eingerichtet, dass der Welpe Frustrationstoleranz quasi im Vorbeigehen erwirbt. Denn unweigerlich kommt im Leben eines jeden Welpen irgendwann der Tag, an dem die Mutter das Hausfrauendasein satt hat und die Wurfkiste auch mal für längere Zeit verlässt. In der Regel ist das ab der fünften

Lebenswoche der Fall. Die Hündin verweigert also auch mal das Saugen, die Milchbar hat jetzt Öffnungszeiten und steht nicht mehr rund um die Uhr zur freien Verfügung. Der hungrige Welpe macht also erste Erfahrungen mit Frustration, aber er lernt gleichzeitig, dass das für ihn nicht das Ende der Welt bedeutet, sondern dass die Welt sich trotzdem weiterdreht und das Buffet irgendwann wieder geöffnet ist. Ähnlich geht es ihm, wenn ihn Geschwister, die Mutter oder auch – falls vorhanden – ältere Babysitter aus dem Züchterhaushalt alleine im Regen stehen lassen, obwohl er gerade spielen will. Oder vielleicht auch, weil er zu grob gespielt hat. Die Reaktion des Gegenübers: er dreht sich um und geht. Tja, das Leben ist kein Ponyhof! Oder zumindest keiner, der unbegrenzte Öffnungszeiten hat. Aber auch hier macht der Welpe die Erfahrung, dass nicht aller Tage Abend ist, sondern später ganz einfach weiter gespielt wird. Er muss nur lernen, dass die Welt sich nicht ausschließlich um ihn dreht. Aber genau das passiert sehr häufig, wenn der Welpe in seine neue Reisegruppe umzieht – und es ist ja auch mehr als verständlich. Da ist dieses süße Fellknäuel, und von der Oma über die Nachbarn bis zu den Freunden der Kinder kommen alle, um den Zuwachs zu begrüßen. Der kleine Hund wird vorübergehend zum Nabel der Welt. Wenn er hungrig schaut, wird ihm sofort der Napf gereicht, wenn er Lust hat zu spielen, wird mit Freuden darauf eingegangen, und wenn er auf dem Schoß sitzen möchte, darf er das selbstverständlich – er ist ja so süß. Oft geht das sogar so weit, dass junge Hunde keine Ruhe mehr finden, nie eine Auszeit haben und dadurch in Stress geraten. Dabei muss der Hund nicht nur lernen, seine Bedürfnisse bisweilen aufzuschieben, sondern auch, zu entspannen. Das sind nämlich sehr wichtige Lektionen im Leben eines jungen Hundes, aber leider haben manche Welpen zwar in ihrer Jugend den (extrem alltagsrelevanten) Umgang mit dem »Bällebad« gelernt, aber keinen Plan davon, was entspannen heißt oder wie man diesen Zustand erreicht. In diesem Fall ist es wenig verwunderlich, wenn man später einen »ADHSler auf Speed ohne Frustrationstoleranz« an der Leine hat.

Die konsequente Umsetzung des eben gelesenen nach dem Vorbild der Natur bedeutet in der Praxis, dass man den Welpen nicht jedes mal bis zur vollständigen Sättigung füttert (aber natürlich soll er nicht hungern!), dass man auch mal ein paar Minuten verstreichen lässt, bis der gefüllte Napf zur Verfügung steht, dass man situativ auch mal eine Spielaufforderung des Welpen ausschlägt (und später annimmt), und dass man für ausreichend Ruhephasen sorgt. Eine Reise soll schließlich erholsam sein und nicht in Stress ausarten!

Familienurlaub?

Wer das Glück hat, in einer größeren Gruppe zu reisen, hat es unter Umständen einfacher. Bei uns war es Güneş, die phasenweise immer dann die Reiseleitung übernommen hat, wenn Nachwuchs in die Gruppe kam. Sie hat mir Andra, was den Umgang mit anderen Hunden angeht, perfekt erzogen und auch bei Piccolo treue Dienste geleistet. Am pubertierenden Meier hat sie sich beinahe die Zähne ausgebissen – aber nur beinahe.

Letztendlich haben sie alle gelernt, dass es das Leben einfacher macht, wenn man auch das Kleingedruckte in der Körpersprache beachtet und die Individualdistanz des Gegenübers beachtet. Sie hat sie sehr gezielt gelehrt, das in

ihren Augen angemessene Verhalten zu zeigen. Auf der einen Seite konnte sie sehr nett und rücksichtsvoll mit Welpen umgehen, auf der anderen Seite war sie eine kleinkarierte, erbsenzählende Prinzipienreiterin, die ihren Erziehungsauftrag sehr ernst nahm. Fräulein Rottenmeier eben. Sobald junge Hunde in unserem Haus auftauchten, verschwand sie im Garten, um irgendein uraltes Spielzeug, eine Kauknochen oder sonstiges auszugraben, das sie unter normalen Umständen keines Blickes würdigen würde. Und dann begann das Spektakel: Schaulaufen vom Feinsten! Das Objekt wurde so lange ausgelassen in die Luft geworfen und mit wiederholten Mäuselsprüngen kunstvoll getötet, bis auch der Letzte mitbekam, dass es sich um etwas außerordentlich Tolles von großem Wert handeln musste, wie etwa einen stinkenden, halbvergammelten Kauknochen. Dann wurde das Objekt abgelegt und Güneş legte sich in ein bis zwei Metern Entfernung davon hin ... und wartete ... und wartete ... und wartete ... Meist dauerte es nicht lange, bis der Jungspund »auch mal schauen wollte« und Güneş' Stunde hatte geschlagen – oder die des Nachwuchses? Dass der Hund zu seinen Röntgenbefunden gehörte, hielt man nicht für möglich, wenn man sie blitzschnell aufspringen und einen sauberen Verhaltensabbruch wie aus dem Lehrbuch hinlegen sah! Danach war das Objekt der Begierde übrigens sofort uninteressant und wurde dem neuen einfach überlassen, denn darum ging es bei diesen Sequenzen nie.

Von der alten Dame konnte auch ich mir noch vieles abschauen! Wie sie immer wieder Situationen herstellte, um ihrem Erziehungsauftrag gerecht zu werden, war faszinierend. Sie setzte ihren Plan mit perfektem Timing und in der genau angemessenen Stärke in die Tat um. Natürlich war das Geschrei jedes mal groß, denn wenn Welpen etwas richtig gut beherrschen, dann ist das schreien, als ob einen gerade der Himmel persönlich angreifen würde. Aber Sie können sich sicher sein, dass niemals irgendjemandem auch nur ein Haar gekrümmt wurde! Das Ganze passierte auch – je nach Hund – immer nur ein- (Piccolo) oder zweimal (Andra), danach waren die Verhältnisse für das gesamte weitere Zusammenleben geklärt. Es reichte »der Blick« aus, und Ressourcen oder die Individualdistanz von Güneş wurden respektiert. Dass es einen Hund gab, bei dem ein- oder zweimal nicht ausreichte, muss ich wahrscheinlich nicht extra erwähnen? Aber auch Herr Meier hat seine Lektion gelernt und die beiden wurden zum eingespielten Team. Güneş ist bis heute der einzige Hund, vor dem er so richtig Respekt hatte. Und mit Respekt meine ich nicht Angst, sondern Respekt im positivsten Sinne. Er respektierte sie und ihre Eigenheiten.

Trotzdem soll das kein Aufruf zu »das machen die schon unter sich aus« werden! Den omnipräsenten Welpenschutz gibt es nicht, auch Wölfe würden rudelfremde Jungtiere unter Umständen verletzen oder töten. Nur in der Regel keine Jungtiere aus der eigenen Familie. Und auch wenn unsere Hunde meistens nicht miteinander verwandt sind, so sind sie trotzdem so etwas wie eine Familie beziehungsweise werden dazu. Wenn Sie einen älteren Hund haben, der klar im Kopf ist und ein sauberes Sozialverhalten zeigt, und Sie ihm vertrauen, dann lassen Sie ihn an der Erziehung teilhaben. Sollten Sie unsicher sein, dann fragen Sie einen Trainer um Rat. Tatsächlich ist es aber so, dass Sie auch im weiteren Hundeleben nie immer zur Stelle sein werden und regulierend eingreifen und managen können. Und darum ist es mir wichtig, dass meine Hunde auch Freiheiten im Umgang miteinander haben, dass sich die älteren den Nachwuchs erziehen dürfen. Ich bin damit immer gut gefahren, weiß aber auch, dass ich dieser Truppe blind vertrauen kann. Vielleicht auch, weil sie eben untereinander von Anfang an die Fronten geklärt haben und sich Respekt verschaffen durften, ohne dass dafür zu ernsthaften Auseinandersetzungen kommen musste.

Auf Serpentinen ins wilde Leben!

5

Die Pubertät des Hundes

»Ärgere Dich nicht über die Schlaglöcher in der Straße, sondern genieße die Reise.«

»Die Pubertät ist die Zeit, in der die Mitreisenden anstrengend werden.«, so würde es wohl Meier formulieren. »Dieser Anschluss ist vorübergehend nicht besetzt.«, sage ich. Und darauf, warum das tatsächlich so ist, kommen wir gleich zu sprechen.

Die Reise begann so harmonisch, die Reisegruppe war sich noch mehr oder weniger unbekannt, man tastete sich langsam vor und wollte es den Mitreisenden recht machen. Aber wenn man erst mal ein halbes Jahr miteinander unterwegs ist, ändert sich das. Man verliert Hemmungen, wird risikobereiter, die sozialen Spannungen nehmen zu. Es kommt zu Auseinandersetzungen. Wer sitzt vorne im Bus? Wer bekommt das größte Zimmer mit dem Einzelbett? Und wer bestimmt

das Tagesprogramm? Manchmal geht das so weit, dass sich die Wege trennen würden und die einzelnen Reisegruppenmitglieder am liebsten eigene Wege gehen und auf eine Individualreise umbuchen würden.

Woran liegt das?

»Sitz? Was war »Sitz« gleich wieder?« steht dem unverständlich schauenden Junghund dann förmlich ins Gesicht geschrieben. Fast jeder, der schon einmal einen Hund auf dem Weg ins Erwachsenenalter begleitet hat, kennt die Situation. Gestern hat alles noch wunderbar funktioniert, heute geht gar nichts mehr. Willkommen in der Pubertät, dem Lebensabschnitt, in dem es mit dem sanften Start schlagartig vorbei ist und es stattdessen auf Serpentinen in den Abenteuerurlaub geht.

Wann ist ein Hund erwachsen?

Die Pubertät beziehungsweise ihre Späterscheinungen, die sogenannte Adoleszenz, also die

Phase des Erwachsen-Werdens, endet bei Hunden erst im Alter von mehreren Jahren. Leider, werden jetzt diejenigen denken, die ein extrem pubertierendes Exemplar zuhause haben. Auch bei Herrn Meier dauerte es eine gefühlte Ewigkeit, bis die letzten Wellen der Pubertät verebbt waren. Denn während bei manchen Hunden die Pubertät nur sanft vor sich hin plätschert, kommt es bei anderen zu wahren Pubertätstsunamis. Und immer, wenn ich mich nach zwei eher ruhigeren Wochen mit meinem Pubertier vorsichtig zu freuen begann, dass der Spuk nun endlich ein Ende hatte, kam eine weitere Pubertätswelle, die, subjektiv betrachtet, alles bisher Dagewesene harmlos erscheinen ließ. Bis zum Alter von zweieinhalb Jahren schwankte der Herr zwischen »Lass uns morgen die Begleithundeprüfung mit Bravour ablegen« und »Meier? Schon mal gehört, kann ich aber gerade gar nicht zuordnen«. Danach gelangten wir ganz allmählich wieder in ruhigere Fahrwasser und konnten unsere Reise harmonisch fortsetzen.

Weil die Übergänge zwischen der eigentlichen Pubertät und der sich daran anschließenden Adoleszenz fließend und oft nicht eindeutig voneinander abgrenzbar sind, besprechen wir im Folgenden die hormonellen Vorgänge und die Auswirkungen von beidem. Grob lässt sich aber sagen, dass die Pubertät nur einige Monate dauert. In der Pubertät hebt der Rüde das erste Mal das Bein und die Hündin wird das erste Mal läufig. Die sich anschließende Adoleszenz kann sich rasseabhängig über mehrere Jahre ziehen.

Während der Pubertät erreichen die Jungspunde ihre Geschlechtsreife. Diese tritt bei den meisten domestizierten Tieren (wie auch bei uns Menschen) relativ früh ein, was aber nicht bedeutet, dass das Individuum nun eine geistige und emotionale Reife erlangt hat. Theoretisch kann Hund sich nun fortpflanzen, ist aber noch lange nicht erwachsen und in der Lage, auch Welpen souverän aufzuziehen. Die Geschlechtsreife und die sogenannte Zuchtreife sind also

Jack Russell Terrier sucht
anderen Individualtouristen für Campingurlaub. Dauercampen war gestern, Wildcampen ist heute! Charterreisen? Trampen! Lass uns gemeinsam den Duft von Abenteuern oder wahlweise Wildschweinen um die Nase wehen.
Chiffre »Heldensagen«

zwei verschiedene Paar Schuhe, was auch seriöse Züchter wissen und beachten.

Rasseabhängig kann es bis zu drei oder vier Jahre dauern, bevor ein Hund sozial und psychisch erwachsen ist (Adoleszenz). Es gibt natürlich auch bei Hunden Frühentwickler und Spätzünder. Kleine Hunde kommen früher in die Pubertät und beenden sie auch schneller, als es große Rassen tun. Bei einem Kangal braucht man also ein etwas größeres Paket an starken Nerven als bei einem Yorkie. Oder anders gesagt: Piccolo ist tatsächlich ein Klein(st)hund, Meier muss ich noch einmal vermessen, denn er muss theoretisch ein Stockmaß von drei Metern haben. Als grober Richtwert gilt, dass Hündinnen frühestens nach dem vollständigen Durchlaufen der dritten Läufigkeit, einschließlich nachfolgender Scheinschwangerschaft und Scheinmutterschaft, als erwachsen anzusehen sind. Dies zeigen auch viele Erfahrungsberichte: gerade bei der Hündin kann man schön sehen, wie sie sich von Läufigkeit zu Läufigkeit entwickelt und erwachsener und reifer wird. Die Entwicklungsgeschwindigkeit des Rüden unterscheidet sich kaum von der einer Hündin.

Gerade die neurobiologischen Auswirkungen der Pubertät wurden in den letzten Jahren sowohl beim Menschen als auch bei Labortieren so ausführlich dokumentiert und untersucht, dass eine Ausweitung der genannten Erkenntnisse auf den Hund durchaus erlaubt ist. Die zugrunde liegenden chemischen Prozesse sind zumindest bei höheren Säugetieren überall die gleichen, daher werfen wir zunächst einen Blick auf die hormonellen Vorgänge des pubertären Hundegehirns.

Hormonelle Abläufe im pubertären Gehirn

Der Startschuss für den Beginn der Pubertät wird durch das »Anschalten« von sogenannten Pubertätsgenen gegeben. Passenderweise heißt das Gen, welches die Pubertät auslöst, »Kiss-1«. Dieses Gen sorgt für die Produktion eines Eiweißmoleküls, des so genannten Kiss-Peptins. Das Erscheinen dieses Kiss-Peptins im Gehirn entzündet dann die Lunte der hormonellen Pubertäts-Bombe. Vermutlich sind aber neben den Kiss-Genen auch noch andere Gene beteiligt.

Der Zeitpunkt des Eintritts in die Pubertät wird allerdings nicht alleine durch die genetische Mitgift bestimmt, sondern auch durch äußere Bedingungen, wie etwa die Ernährung und den Ernährungszustand. Ist eine Hündin zum Beispiel normalgewichtig, so wird über ein weiteres Hormon aus den Fettzellen, das Leptin, eine Meldung ans Gehirn gegeben, dass der Körper ausreichend Reserven für eine Trächtigkeit besitzt, und die Pubertät nun eingeläutet werden kann. Wenn der Hund stark untergewichtig ist, lohnt sich der Eintritt in die Pubertät rein biologisch gesehen nicht, denn der Zweck ist ja die Fortpflanzung, und die ist ohne Energiereserven nicht möglich. So lässt sich auch an vielen Hochleistungsturnerinnen beobachten, dass diese aufgrund der körperlichen Konstitution erst viel später, meist nach Beendigung der Karriere, in die Pubertät kommen. Beim Hund ist das ähnlich. Auch Stress, ausgelöst durch das Stresshormon Cortisol, führt zu einem verspäteten Eintritt in die Pubertät, was sich bei vielen Hunden, die unter langfristigem Stress stehen, beobachten lässt.

Sind alle Weichen gestellt und der Körper ist bereit, sich mit der Pubertät auseinanderzusetzen, wird unter dem Einfluss der Kiss-Peptine zunächst ein Hormon im Gehirn gebildet: das sogenannte Gonadotropin Releasing Hormon, kurz GnRH.

Dieses Hormon wiederum aktiviert über mehrere Zwischenstufen die Freisetzung der Geschlechtshormone aus den Geschlechtsorganen, also des Testosterons aus den Hoden beim Rüden und des Östrogens aus den Eierstöcken der Hündin.

Wie in allen hormonellen Regelkreisen, kann man auch diesen nicht isoliert betrachten, weil man nie an nur einer Hormonschraube drehen kann, ohne auch weitere zu verstellen. So zieht auch dieser pubertäre Anstieg der Geschlechtshormone seinerseits im Körper eine Reihe von Folgereaktionen nach sich. Die Produktion von Hormonen aus der Schilddrüse, unter anderem auch des Wachstumshormons, wird gestartet, und das wiederum ist der Auslöser für die Beendigung des Längenwachstums und damit für den weitgehenden Stopp des gesamten Größenwachstums eines Jugendlichen, beziehungsweise in unserem Fall eines Junghundes.

Auch das Herzkreislaufsystem, die Muskulatur und die Muskelsteuerungssysteme werden in

der Pubertät in ihrer Wirkung und Funktion verändert, was zum Beispiel den auffallend schlaksigen Gang vieler Jugendlicher und Junghunde erklärt. Man bzw. Hund will also nicht nur cool sein, sondern kann gar nicht anders, als extrem lässig zu laufen. Im Umgang mit seinem sich rasch verändernden Körper, ist jeder Heranwachsende anfangs ungeübt, so dass Störungen in der Motorik auffallen, aus denen der schlaksige Gang resultiert. Fehlen nur noch die Lederjacke, Pomade im Haar und das frisierte Moped.

Wegen Umbau vorübergehend geschlossen?

Besonders interessant ist in diesem Zusammenhang die Wirkung der Sexualhormone und des von ihnen ausgelösten Nervenwachstumsfaktors im Gehirn. Dort werden eine Reihe von Vorgängen zur Verbesserung der Leistungsfähigkeit angekurbelt, und die Aufgaben zwischen verschiedenen Hirnabschnitten werden neu verteilt. Das Gehirn wird zur Großbaustelle.

Dadurch werden beispielsweise mehr Zuständigkeiten in die Hirnregionen abgegeben, die für rationale Entscheidungen und sogenannte kognitive, also höhere geistige Leistungen zuständig sind. Dafür bekommen die emotional reagierenden Teile des sogenannten limbischen Systems weniger Zuständigkeiten. Das Verhalten wird also insgesamt vom emotionalen und infantilen Handeln weg und zum mehr rationalen, erwachsenen und vernünftigen Verhalten hin verlagert. Aber das dauert ...

Der große Gewinner dieser Aufgabenneuverteilung ist vor allem das Frontalhirn, also die vorderen, im Stirnbereich liegenden Teile der Großhirnrinde. Man weiß aus der menschlichen Forschung, dass das Frontalhirn von Kindern anders beschaffen ist, als das von Jugendlichen. Diese Hirnregion hat zum Beispiel die Aufgaben, Entscheidungen zu treffen, Informationen im Kopf zu behalten, eine gewisse Planbarkeit zu ermöglichen und ist für »Multitasking« zuständig, also für die Fähigkeit, zwei oder mehrere Dinge gleichzeitig zu tun. Fähigkeiten, die auf der weiteren Reise durchaus von Vorteil sind.

Beim Umbau kommt es zur Umwandlung von sogenannter grauer Substanz in sogenannte weiße Substanz. Die weiße Substanz enthält schnellere Nervenverbindungen und ist damit leistungsfähiger. Die Umwandlung von grau in weiß liegt an der fortschreitenden Myelinisierung der Nervenfasern. Die weiß erscheinenden Myelinhüllen oder -scheiden sind Isolierungen um die Nervenfasern, die Kurzschlüsse verhindern und für eine effektivere und eine um das 50-fach beschleunigte Reizweiterleitung sorgen. Wissenschaftler gehen davon aus, dass der kognitive Leistungsabfall zu Beginn der Pubertät auf die Umwandlungsprozesse der grauen zur weißen Masse zurückzuführen ist. Wegen Großbaustelle vorübergehend außer Betrieb!

Im Zuge der Neuorganisation kommt es auch zu einer starken Verminderung der Zahl der Verknüpfungspunkte zwischen den Nervenzellen, den Synapsen. Beim Menschen werden in der Pubertät pro Sekunde zirka 30.000 solcher Synapsen abgebaut – welch beeindruckende Zahl! Aber keine Sorge, es bleiben in der Regel noch ausreichend Synapsen übrig, auch wenn ich bei Meier zwischenzeitlich stark daran zweifelte. Aber eine einzelne hübsche Gehirnzelle auf vier schönen Pfoten hat doch auch was, oder?

Diese Reduktion der Verknüpfungspunkte geht einher mit einer Größenzunahme der einzelnen Nervenzellen. Dadurch wird quasi die Rechnerkapazität erhöht und gleichzeitig die Weiterleitung der Daten verbessert. Im pubertären

Gehirn werden also die bisherigen Kupferkabel zu einer schnellen Datenautobahn ausgebaut. Unnötige Nebenstrecken werden abgebaut und dadurch werden die Verknüpfungen optimiert und die Leitungsgeschwindigkeit wird deutlich beschleunigt. Dies geschieht durch die verbesserte Ummantelung der Nervenfasern mit der bereits weiter oben erwähnten isolierenden Myelinschicht, die zu einer erheblichen Beschleunigung der elektrischen Reizweiterleitung auf den betreffenden Fasern führt. Aber wie das auf Reisen so ist, kommt es durch die Bauarbeiten zu nervigen Staus und zwischendurch stellt man sich die Frage, ob man das Ziel jemals erreicht. Die Stimmung erreicht ihren Nullpunkt und die Mitreisenden fragen alle paar Minuten: »Wann sind wir endlich da?«

Dieser doch sehr tiefgreifende Umbau des Gehirns während der Pubertät hat das Ziel, dieses an die neue (erwachsene) Lebenssituation anzupassen, und ist im gesamten Leben einmalig. Alles wird jetzt in Frage gestellt und erneut auf Brauchbarkeit überprüft. Was gestern galt, muss heute schon längst nicht mehr gelten.
Genauso wichtig für die Entwicklung sind jedoch frühere Phasen im Hundeleben, die nachhaltige Spuren im Hundehirn hinterlassen. Denn was das Gehirn jeweils so einzigartig und individuell macht und die Hirnrinde strukturiert, sind nicht einstudierte Trainingsziele, sondern die selbst gemachten Erfahrungen und deren emotionale Spuren, also all das, was irgendwie unter die Haut geht, und wobei Hund sich selbst als Einfluss nehmend auf die Situation, kompetent, oder aber auch hilflos, ausgeliefert und unfähig erlebt. Eine abwechslungsreiche Reise formt also den Charakter! Denn nur dann kommt es auch zur Aktivierung der emotionalen Zentren im Gehirn, des limbischen Systems, das für Gefühle und Emotionen zuständig ist. Es werden dann auch vermehrt nerven formende Botenstoffe freigesetzt, die zu Veränderungen der Bildung von bestimmten Genen führen und so die Neubildung von Nervenverknüpfungen starten und all jene Verschaltungen im Gehirn unterstützen und dauerhaft beibehalten, die erfolgreich zur Lösung eines Problems aktiviert wurden. In der Humanpsychologie spricht man von »strukturellen Verankerungen von Erfahrungen«. Ein Hund, der nur wenige Erfahrungen sammeln kann, weil er zu dieser Zeit einen langweiligen Pauschalurlaub in einem luxuriösen, abgeschirmten 5-Sterne-Schuppen verbringt, wird also eine andere Hirnstruktur bekommen als einer, der einen Zwischenstopp im Abenteuercamp einlegt und sich dort durchschlägt. Denn damit im Hundegehirn möglichst komplexe Verschaltungsmuster entstehen können und stabilisiert werden, brauchen Welpen und Junghunde eine Umgebung, in der sie möglichst vielfältige, für ihre individuelle Lebensbewältigung bedeutsame, eigene Erfahrungen von eigener Kompetenz und Gestaltungsfähigkeit machen können. Das Hundegehirn kann also mit einem sozialen Konstrukt verglichen werden, das ein Abbild der Umwelt- und Lebensbedingungen des Hundes ist – ähnlich einem Negativ, zu Zeiten, als es noch keine Digitalfotographie gab.
Fehlen Erfahrungen, so fehlen auch die zugehörigen Verknüpfungen und daraus resultierend auch die Fähigkeit, mit schwierigen Situationen umzugehen. Dann bleiben einem Hund nur noch die Bewältigungsstrategien Angriff, Flucht oder Erstarrung, ohne jedwede alternative Strategien, um Konflikte zu vermeiden.
Die Nervenverbindungen im Gehirn, die bis dahin aufgebaut wurden, werden wieder gelöst. Dies geschieht nach dem Prinzip: Was gebraucht wird bleibt, was brach liegt wird abgebaut. Bei

diesen Prozessen verlieren menschliche Jugendliche ca. 15 % ihrer Hirnmasse, beim Hund werden die Zahlen ähnlich sein. Auch daraus lässt sich wieder ein Plädoyer für eine möglichst abwechslungsreiche Reise ableiten.

So anstrengend die Pubertät und das ständige Infrage-Stellen alles bisher Gültigen für die Reisenden auch sein mag, so ist es doch auch immer eine Chance, eine andere, bessere Lösung zu finden. Gerade die bisher angelegten Verschaltungen im Frontalhirn für Bewertungen von Situationen und für Entscheidungen, sind unter dem Einfluss des Halters, von anderen Hunden oder dem eigenen Rudel entstanden, und die Pubertät ist der Zeitrahmen, in dem man all das noch einmal auf Tauglichkeit für die eigenen Lebensumstände überprüfen kann, bevor man sich endgültig in die Gruppe einfügt und beschließt, mit diesen Reisegefährten weiter zu reisen. »Drum prüfe, wer sich ewig bindet« – oder eben auch nicht, und dann abwandert. Sicherlich würden viele unverstandene Hunde in der Pubertät auch gerne ihre Köfferchen packen und abwandern, um in Zukunft als Individualtourist weiter zu reisen, wenn sie die Möglichkeit dazu hätten ... Man kann also nur immer wieder an die Halter appellieren, ihrem Hund gegenüber Verständnis zu zeigen – und trotzdem die Konsequenz nicht zu vergessen. Auch wenn das oft sehr viel Geduld erfordert und der Gedanke an einen Reiserücktritt einen verständlicherweise manchmal ereilt.

Warum ist der Hund, wie er ist?

Aber warum ist nun das Pubertier so anstrengend? Aus neurobiologischer Sicht entsteht in der Pubertät ein temporäres Frontalhirndefizit mit all seinen Folgen. Und da das Frontalhirn der Teil des Gehirns ist, der Impulse kontrolliert, Handlungen plant und die Folgen von Handlungen abschätzt, ist klar, dass der pubertierende Hund all das vorübergehend nicht leisten kann. Impulskontrolle und Risikoabschätzung sind also nicht unbedingt die Stärke pubertierender Junghunde.

Auf der Ebene der Boterstoffe spielt hier das Dopamin eine wichtige Rolle. Dopamin kann man als die Selbstbelohnungsdroge des Gehirns bezeichnen, es wirkt als Verstärkersystem für

innere Impulse und sorgt dafür, dass ein Impuls in eine Handlung umgesetzt wird. Es ist Motivation und Antrieb, es sorgt also dafür, dass wir weiter reisen und die Reise genießen. Das dopaminerge System ist in der Zeit der Pubertät am stärksten ausgebildet, und wegen seiner selbstbelohnenden Funktion sind Junghunde immer begierig auf eine Stimulation dieses Systems, quasi immer auf der Suche nach dem Dopamin-Kick. In der Humanpsychologie spricht man hier vom »Sensation Seeking«. Je schlechter also in der Pubertät die bremsende und hemmende Funktion des Frontalhirns funktioniert, und je stärker der dopaminerge Sprit zum Antrieb vorhanden ist, desto größer wird die Risikobereitschaft und desto häufiger wird dann riskantes Verhalten gezeigt. Bungee-Jumping ohne Seil wird schnell zu langweilig – Survival-Urlaub, ich komme! Dazu kommt, dass der Mandelkern (= die Amygdala), das emotionale Bewertungszentrum des Gehirns, welches die Wahrnehmung und die Reaktionen steuert, sich in dieser Phase vergrößert und empfindlicher und intensiver auf Reize aus der Umwelt reagiert. Das bedeutet, dass Reaktionen emotionaler ausfallen und ist leider auch ein guter Nährboden für Aggression. Der Canis pubertus testet also seine Grenzen aus und ist auch in Auseinandersetzungen risikobereiter. Empathie wird zum Fremdwort. Das ist biologisch durchaus sinnvoll, denn kein Jungwolf oder Junghund würde abwandern und auf Reisen gehen, wenn das nicht so wäre und er statt dessen auf ein risikoloses, sicheres Leben mit Bausparvertrag und Vorgartenidylle aus wäre – aber das macht diese Zeitspanne eben zu einer der anstrengendsten im Hund(halter)leben und zu einer Bewährungsprobe für die Reisegruppe.

Rationales Handeln

Wie bereits erwähnt, betreffen diese Vorgänge besonders den Bereich des vorderen Stirnhirns, der für Entscheidungsfindung, rationales Handeln und die Lösung von Problem zuständig ist. Andere Bereiche der Großhirnrinde, die für die Verknüpfung von Informationen und damit für die (vernünftige) Bewertung von Außenreizen und deren rational sinnvolle Beantwortung zuständig sind, gehören ebenfalls zu den Gewinnern der pubertären Umorganisation. Die Auswirkungen dieser Neustrukturierung lassen sich sowohl durch die Messung von Hirnstromkurven, als auch die Messung des Hirnstoffwechsels belegen. Beide Methoden zeigen, dass die Aktivität des Gehirns, insbesondere bei komplizierten Aufgabenstellungen, nun auf wenige Areale konzentriert wird, dafür dort aber umso intensiver erfolgt. Weniger ist in diesem Fall mehr – wo noch vor kurzem ein großes Gehirn ein bisschen für alles zuständig war, übernehmen nun spezialisierte, kleine Areale effektiver die an sie gestellten Aufgaben. Die Pubertät als Unternehmensberatung für das Hundehirn.

Die Verlierer des Umbauprozesses in der Großbaustelle des pubertierenden Gehirns sind vor allem Teile des limbischen Systems, also des für Emotionen zuständigen Teils des Gehirns. Dort wird vor allem die Wirksamkeit von erregenden Botenstoffen, wie etwa des natürlichen Stimmungsaufhellers Serotonin und des bereits erwähnten Dopamins verringert.

Hingegen steigt die Wirksamkeit des Dopamins im vorderen Stirnhirn an. Dadurch werden dann auch rationale Problemlösungen und gelöste Lernaufgaben stärker positiv bewertet, und entsprechend werden ohne die positiven und belohnenden Wirkungen des Dopamins im limbischen System emotionale und unüberlegte Handlungen weniger häufig auftreten.

Wenn wir, beziehungsweise unser Hund, diesen Zustand erreicht haben, haben wir es geschafft und die Pubertät überstanden. Willkommen im Leben, erwachsener Hund! Denn so entzückend Welpen auch sind, das Verhalten, das sie an den Tag legen, ist sehr kindlich-kindisch und nicht das, was ich mir für einen erwachsenen Hund wünsche. Alles zu seiner Zeit, und die Zeit des Erwachsenenalters ist die Zeit von rationalem Verhalten und Souveränität. Zumindest dann, wenn es darauf ankommt. Albern darf man natürlich trotzdem sein, das bin ich auch gerne ... Aber wenn ich nicht albern bin, führe ich auch gerne mal ein ernsthaftes Gespräch mit meinen Hunden und diskutiere das ein oder andere aus, das ist mir wesentlich lieber, als ein ewiger Kindskopf an der Leine. Viele andere Hunde sehen das übrigens genauso ...

Stress lass nach!

Während der Pubertät kommt es aber auch zu einer starken Erhöhung der Aktivität der Nebennierenrinde, die das Stresshormon Cortisol produziert, wodurch die erhöhte Stressanfälligkeit in dieser Zeit erklärlich wird. Außerdem kommt es zu einer verstärkten Ausschüttung des sogenannten Elternhormons Prolaktin, einem Gegenspieler des Cortisols. Der gesamte Hormoncocktail aus Stresshormonen, insbesondere Cortisol, Sexualhormonen, Nervenwachstumsfaktor, Prolaktin und anderen wird in eine heftige Berg- und Talfahrt versetzt. Der Stresshormonspiegel ist bei allen Säugetieren während der Adoleszenz am höchsten. Das bedeutet Stress, auch für die Mitreisenden. Das erklärt ebenfalls, warum der Hund, der in seiner Welpenzeit Mülltonnen sehr spannend fand und keinerlei Schwierigkeiten damit hatte, nun plötzlich der Meinung ist, Mülltonnen seien böse Junghunde fressende Monster.

So kompliziert diese Zusammenhänge auch sein mögen, so wichtig sind sie doch für das Verständnis für den Hund und seine Achterbahn der Gefühle. Also rufen Sie sich all das immer ins

Gedächtnis, wenn Ihr Hund mal wieder vergessen hat, was »Sitz« gleich wieder war, wie er heißt oder wenn er Sie sonst wie auf die Palme bringt. Reisen kann nun mal auch anstrengend sein, vor allem bis sich die Reisegruppe zusammengefunden hat.

Und danach? Die Adoleszenz

Die Adoleszenz (abgeleitet vom lateinischen adolescere = heranwachsen) ist das Übergangsstadium in der Entwicklung von der Kindheit hin zum Erwachsensein und stellt den Zeitabschnitt dar, in dem ein Mensch oder ein Tier zwar biologisch gesehen zeugungsfähig und körperlich so gut wie ausgewachsen, aber emotional und sozial noch nicht vollends gereift ist. Begrifflichkeiten werden hier oft durcheinandergeworfen bzw. gibt es viele ungenaue Definitionen. Oft ist die Rede von den Flegeljahren, der Reifezeit oder auch immer noch von der Pubertät. Ich spreche von den wilden Serpentinen auf der Reise durch das Hundeleben.

Dabei ist die Adoleszenz die Zeit des Ablösens von der Familie und der Entwicklung der eigenen Persönlichkeit eines Hundes, die Zeit zwischen der Geschlechts- und der Zuchtreife. Everybodies Darling war also gestern, Macho oder Zicke sind heute. Bei großen Rassen oder deren Mischlingen können durchaus auch drei bis vier Jahre ins Land ziehen, bis die Adoleszenz abgeschlossen ist. Aber nicht nur die Größe spielt hier mit hinein, sondern auch das Geschlecht. Nicht nur bei Männern, sondern auch beim Rüden dauert es etwas länger, bis das Gehirn endgültig gereift ist. Sowohl in der Menschen- als auch in der Hundewelt sind die Damen etwas schneller.
Auch eine (Früh-)Kastration beeinflusst den Zeitraum. Was bei Kastraten häufig positiv als albern, kindlich oder verspielt bezeichnet wird, ist nichts anderes, als eine verlängerte Adoleszenz, weil das Gehirn nach der Kastration langsamer reift bzw. der Umbau zum Teil gar nicht erst stattfindet.

Die hormonellen Mechanismen der Pubertät respektive der Adoleszenz haben wir uns ja bereits genau angeschaut. Im Verhalten bedeutet das, dass der Hund auf einmal völlig andere Prioritäten setzt, als noch vor ein paar Wochen. Ihr eben noch anhänglicher Hundewelpe wird selbstständiger, und durch die veränderte Dichte an Bindungsstellen bzw. die veränderte Empfindlichkeit für Dopamin in dieser Zeitspanne, kommt es in bestimmten Hirnarealen zu einem leichter erregbaren »internen Belohnungssystem« und infolge dessen zu einem gesteigerten Explorations-, also Erkundungsverhalten. Selbstbelohnendes Verhalten bekommt einen größeren Stellenwert, jeder Grashalm hat in den Augen Ihres Hundes phasenweise mehr zu bieten als Sie. Dem Hund fällt es schwer, sich von für ihn wichtigen und lohnenswerten Dingen zu

trennen und sich statt dessen Ihnen zuzuwenden. Ressourcen bzw. deren Verteidigung werden auf einmal wichtig, ebenso wie tausend andere Dinge, die Ihr Hund nun plötzlich im Kopf hat. Auch sein Radius vergrößert sich zunehmend, weil ja alles plötzlich einen unwiderstehlichen Reiz auf den Jungspund ausübt. Ärgerlich ist hierbei die lernverstärkende Wirkung des Dopamins, die dazu führt, dass diese selbstbelohnenden Handlungen sehr schnell positiv bewertet, erlernt und beibehalten werden.

Aber auch hier muss nochmal betont werden, dass Ihr Hund dies keinesfalls tut, um Sie zu ärgern! Alle diese Veränderungen im Verhalten sind ein physiologisch völlig normaler Ablauf und dem Hormoncocktail, den Ihr Hund gerade genüsslich zu sich nimmt, geschuldet. Es gibt also keinen Grund, wütend auf Ihren Hund zu sein, auch wenn mir bewusst ist, dass sich das leichter schreibt als umsetzen lässt. Denn auch wir Menschen und unsere Emotionen (»Wo war gleich das nächste Tierheim?«, »Warum habe ich mir das angetan?«, »Mach doch, was Du willst, ich gehe nach Hause!«, »Reiserücktritt!«) bleiben von den Wirkungen unserer Hormone nicht verschont. Trotzdem hoffe ich, dass das Wissen um die zugrundeliegenden Vorgänge dazu beiträgt, dem mitreisenden Hund in dieser Zeit mit etwas mehr Verständnis zu begegnen.

Nun kennen wir ja die Gründe, warum unser Hund »plötzlich« schwierig und für uns schwer einschätzbar wird. Andersrum wird jeder Hund, wenn man ihn fragen könnte, behaupten, dass die Adoleszenz die Zeit ist, in der der Halter schwierig wird ...

Also haben diese Probleme, entgegen dem, was man oft zu hören bekommt, nichts mit Dominanz oder Ähnlichem zu tun! Lassen Sie sich nichts einreden, denn das aufmüpfige Verhalten Ihres Vierbeiners ist ganz weit entfernt von dominantem (= souveränem) Verhalten. Dafür

können Sie getrost die Floskel »Das hat er ja noch nie gemacht!« loswerden, denn tatsächlich beginnen hier oft Probleme, die es vorher nicht gab. Wir sind einfach noch verwöhnt von den phantastischen und schnellen Lernfortschritten, die der oder die Kleine bis vor Kurzem noch gemacht hat, weil ihm oder ihr das Lernen als Welpe ganz besonders leicht fiel. Und nun, über Nacht, ist da plötzlich dieser »Was-war-'Sitz'-gleich-wieder-Blick«, gekoppelt mit völliger Verständnislosigkeit seitens des Hundes. Nicht nur Sitz, auch andere bereits gelernte Notwendigkeiten des Alltag werden wieder zum Problem: Auch wenn Ihr Hund bisher ohne Probleme alleine gelassen werden konnte, fängt er unter Umständen auf einmal wieder an, während Ihrer Abwesenheit Heulorgien und innenarchitektonische Umbauarbeiten zu veranstalten. Oder er fängt an, ruppiger zu spielen, auch ist ihm nicht mehr jeder Spielpartner recht, sondern er wird wählerischer, wer sein Freund sein darf und wer nicht. Ressourcen gewinnen an Wichtigkeit, selbst eine alte Socke kann zum Zankapfel werden. Die jungen Wilden, die bisher keinerlei Interesse an frischen Fährten oder den dazugehörigen Hasen gezeigt haben, kommen auf den Geschmack und sind nicht mehr zu halten. Die Schleppleine wird Ihr bester Freund. Die Stressanfälligkeit steigt, und die Reaktionen auf Stressoren werden intensiver. Wie bereits erwähnt, können nun plötzlich Situationen oder Gegenstände Stress auslösen, die der Hund vorher nicht einmal registriert hat. Wenn er also nun plötzlich im Dunkeln fremde Menschen verbellt, wird auch Ihnen, wie gesagt, sicherlich mal ein »Das hat er ja noch nie gemacht« rausrutschen. Aber auch, wenn das stimmt und sogar erklärlich ist, darf man sich natürlich nicht auf diesem Satz ausruhen, sondern muss gegensteuern und dem Hund besonders viel Sicherheit, Verständnis, Führung und Konsequenz geben. Ihre Kompetenzen als Reiseleiter werden auf eine harte Probe gestellt! Denn der Hund wird nicht von selbst aus diesen Problemen »herauswachsen«, sondern sie werden sich, wenn man den Dingen ihren Lauf lässt, verfestigen und zu immer größeren Problemen heranwachsen. Je länger Sie warten, desto schwieriger wird es. Nehmen Sie also die Herausforderung an und nutzen Sie die Möglichkeit, aus Ihnen und Ihrem Hund eine eingeschweißte Reisegruppe zu machen, die in Zukunft alle Höhen und Tiefen des Reisens locker schultert. Die Pubertät gehört zum Hund! Und ist sicherlich eine der Team bildendsten Phasen im Hundeleben. Wer die Pubertät mit dem Skalpell beenden will und seinen Hund deswegen kastrieren lässt, hätte sich vielleicht doch besser ein Tier mit einem Knopf im Ohr anschaffen sollen. Denn die Kastration mag vordergründig helfen, sie beendet die Pubertät. Aber wie weiter oben erwähnt, beendet sie zudem die Ausreifung des Gehirns und verhindert das Erwachsenwerden. Wer aber gemeinsam mit seinem Hund auch diesen Streckenabschnitt bewältigt, wird erleben, dass am Ende dieser Etappe ein erwachsener, souveräner Hund steht.

Persönlichkeit und Umweltsituation

Eine alte chinesische Weisheit sagt: »Wenn die Kinder klein sind, gib ihnen Wurzeln, wenn sie groß sind, verleihe ihnen Flügel!« Wenn Ihr Welpe bei Ihnen einzieht, ist er ja noch keineswegs ein fertiger Hund, vielmehr muss er noch eine ganze Reihe von Erfahrungen machen und auch mit vielen Problemen des Alltags klarkommen, um erwachsen zu werden. Stellen Sie sich vor, ein Kind im Alter von etwa acht bis zwölf Jahren würde bei Ihnen einziehen – auch dann würden Sie nicht erwarten, dass es bereits alles kann, was ein Erwachsener kann. Ein Kind ist ein Kind, und das ist gut so. Der schöne Spruch von Wurzeln und Flügeln gilt aber im übertragenen Sinne auch für Hunde. Natürlich wollen wir nicht, dass unser Hund als Endziel das gleiche Maß an Selbstständigkeit erreicht wie unsere jugendlichen Nachkommen, und eines Tages davonfliegt. Er soll ja eine Bindung an uns behalten und auch weiterhin gerne bei und mit uns leben, und er soll sich auf uns als Reiseleiter und »Elternersatz« verlassen können. Also einigen wir uns

vielleicht auf ganz kleine Flüge? Trotzdem braucht der Hund eine solide Persönlichkeitsbildung und gute Wurzeln als Fundament für die weitere Reise. Und da fängt die Sache bereits an, kompliziert zu werden, denn auch Hunde haben ja zum Glück verschiedene Persönlichkeiten, und je nachdem welche Persönlichkeit Ihr Welpe oder Junghund hat, müssen Sie, wie oben beschrieben, etwas anders mit ihm umgehen, um Ihrem Erziehungsauftrag gerecht zu werden. Einen unsicheren Kandidaten müssen Sie stabilisieren, ihm Sicherheit vermitteln. Bei einem größenwahnsinnigen Exemplar ist das nicht nötig, hier müssen Sie eher ein bisschen auf die Bremse treten und ihn hier und da wieder auf den Boden der Tatsachen zurückholen. Passen Sie Ihre Reiseroute und Ihr Reiseziel Ihrem Hund an, entscheiden Sie individuell, welche Erfahrungen für diesen Hund wichtig sind, und welche er besser nicht machen sollte.

Was war »Sitz« gleich wieder ...? Der Umgang mit dem Hund in der Pubertät

Nun aber zum Umgang mit dem Wissen über die Umbaumaßnahmen im pubertären Gehirn.
Vielleicht sind Sie ja schon etwas beruhigt, weil Sie jetzt das Warum zum Verhalten Ihres Hundes kennen, und wissen, dass er alles, was er »anstellt« nicht aus Böswilligkeit tut, sondern, weil er – den weitreichenden Umbauarbeiten im Gehirn geschuldet – nicht anders kann.
Dieser Anschluss ist vorübergehend nicht besetzt – das vorübergehende Nicht-Folgen Ihres Pubertiers, der ja vorgestern noch eine Begleithundeprüfung mit Bravour bestanden hätte, ist kein Nicht-Wollen sondern tatsächlich in den meisten Fällen ein Nicht-Können!
Doch was bedeutet das in der Praxis? Zuallererst bedeutet es, dass Sie gute Nerven benötigen, um sich nicht aus der Ruhe bringen zu lassen und Ihrem Hund gegenüber nicht ungerecht zu werden, denn das wäre fatal für die weitere Entwicklung Ihrer Beziehung und die gesamte Reise durch das Hundeleben. Denken Sie immer daran: Druck erzeugt Gegendruck, und viele Hunde, denen man in der Pubertät mit Druck begegnet, und die man nur noch deckelt, würden sicherlich gerne ihre Köfferchen packen, abwandern und alleine weiterreisen. Vergessen Sie also vor lauter Konsequenz die Liebe und das Verständnis nicht, und werden Sie nicht ungeduldig, wenn's mal wieder länger dauert. Vielleicht hilft ein Schokoriegel, sicherlich hilft es aber, erst einmal tief durch zu atmen. Denken Sie an die Stimmungsübertragung, für die unsere Vierbeiner ganz feine Antennen haben. Sie spiegeln unsere eigene Gestimmtheit und geben sie wider. Wenn Sie auf Hundertachtzig sind, wie soll Ihr Hund dann ruhig und besonnen agieren?
Auf der anderen Seite ist das Andersrum genauso wichtig: Vergessen Sie vor lauter Liebe die Konsequenz nicht. Die Baustelle im Hundehirn ist zwar eine Erklärung, aber keine Entschuldigung für das Verhalten Ihres Vierbeiners! Das heißt aber nicht, dass Sie nicht auch mal Fünfe gerade sein lassen dürfen. Lassen Sie Ihren Hund öfter mal, wo es möglich ist, einfach Hund sein. Verkneifen Sie sich einfach ein Kommando, das in der momentanen Situation nicht unbedingt nötig ist, wenn die Ablenkung für den Youngster zu groß ist, und Sie von vorneherein wissen, dass die Durchsetzung schwierig wird. Üben Sie mit ihm in entspannter, weitgehend ablenkungsfreier Umgebung. Bringen Sie viel Spaß und Freude in die Übungssituationen, loben Sie ihn, wenn er etwas richtig macht. Versuchen Sie, die Kommandos, die Sie geben, auch durchzusetzen. Aber zeigen Sie ihm, dass sich das für ihn lohnt, weil am Ende einer Übung immer etwas Positives

steht, und das Mensch-Hund-Team dann entspannt aus der Sache rausgehen kann. Arbeiten Sie an der Basis, an der (Alltags-)Erziehung, am harmonischen Miteinander, und vergessen Sie vorübergehend mal das perfekte Arbeiten Ihres Hundes. Freuen Sie sich über das, was funktioniert, und ärgern Sie sich nicht nur über das, was gerade überhaupt nicht klappt. Sehen Sie also den halb vollen, nicht den halb leeren Koffer, und sorgen Sie dafür, dass auch Ihr Hund den halb vollen Napf sieht. Legen Sie Ihr Hauptaugenmerk auf die Beziehung zu Ihrem Hund, und sorgen Sie dafür, dass er Ihnen vertraut und sich gerne an Ihnen orientiert. Damit schaffen Sie die Basis für alles andere und einer harmonischen Weiterreise steht nichts im Weg!

Theorie und Praxis

Wow! Niedergeschrieben klingt das wirklich einleuchtend und eigentlich ganz einfach. Davon, dass es das »im wahren Leben« nicht ist, kann auch ich ein Lied singen, und Meier stimmt heulend mit ein. Denn Meier war, was die Pubertät angeht, ein Lerngeschenk, um es positiv auszudrücken. Es gibt aber Geschenke, die möchte man eigentlich gar nicht geschenkt bekommen!

Einen Einblick hinter die Kulissen ermöglicht der nachfolgend geschilderte Tag im Leben des Frauchens des Canis pubertus:

Morgens, halb sieben in Deutschland …

Meier springt lautstark ins Bett bzw. auf meinen Bauch, um genau zu sein, und startet eine Wanderung durch das Selbige, gegen die die großen Tierwanderungen Afrikas nichts als heiße Luft sind. Dass er dreimal hochkant wieder rausfliegt, kümmert ihn nicht besonders, sondern führt nur zu einer Änderung seiner Strategie. Jetzt stehen Heulorgien, gegen die auch das Geläut einer kompletten Beaglemeute fast lautlos verblasst, auf dem Programm. Zwecklos, ich bin inzwischen gegen das tägliche morgendliche Getöse abgehärtet. Ich ziehe das Kopfkissen über den Kopf und schlafe einfach weiter. Da hilft in den Augen des Beagles nur Trick 17: lautstark den nächstgelegenen Mülleimer aufsuchen und ausräumen. So auch diesmal. Beim leisen Knistern der im Beaglemaul zerberstenden Joghurtbecher springe ich fluchend aus dem Bett – schnelle Intervention ist gefragt, bevor das Chaos ausartet – und das dem Beagle eigene Navigationssystem vermeldet: »Sie haben Ihr Ziel erreicht!« Meine verschlafenen Schimpftiraden kümmern die pubertierende Rampensau nur peripher, denn »auch negative Aufmerksamkeit ist Aufmerksamkeit« – und für Aufmerksamkeit würde der »Herr ich, ich, ich!« zur Zeit auch sein Frauchen verkaufen.

Die üblichen Provokationen Herr Meiers gegen die zwei alten Damen nehme ich inzwischen gar nicht mehr zur Kenntnis, sondern bereite mich statt dessen besser auf die Hundeschule vor, denn heute seht der Junghundekurs auf dem Wochenplan. Und dieser hat einen entscheidenden Vorteil: er zeigt den Besitzern von derartigen Pubertätsmonstern, dass sie nicht alleine mit ihren Problemen sind – beziehungsweise dass sich alle vierbeinigen Probleme auf dem Platz schnell aus dem Staub machen, nicht nur meines. Grund dafür sind Gerüch(t)e, dass es am anderen Ende des Geländes noch ein paar unbegossene Grashalme geben soll. Man könnte den Kurs auch als Selbsthilfegruppe von pubertätsgeschädigten Hundehaltern bezeichnen … »MEIER!«, rufe ich. Nichts passiert. Auch Luna, Paul und Mia reagieren nicht auf das verzweifelte Flehen ihrer Halter.

Denn in den letzten Wochen hat nicht nur Meier die Kunst des Markierens erlernt und wendet sie gerne und ausgiebig an. Sogar Häufchen machen funktioniert auf zwei Beinen: Hintern in die Höh', und dazu wichtige Kommunikation in Richtung aller, die das interessiert – oder auch nicht. Eigentlich auch egal. Eine akrobatische Mei(st)erleistung! Und selbst wenn er seine Hinterlassenschaften nur auf einen 10 cm hohen Maulwurfshügel ablegt, scheint er sich zu fühlen, als wäre ihm die Erstbesteigung des Mount Everest gelungen. Wahrscheinlich fordert er demnächst Gipfelkreuze für alle Maulwurfshügel Bayerns.

Weil so ein Junghundekurs gezwungenermaßen lauter »Mitkurslinge« enthält, die genau dieselben Prioritäten haben, und jeder gerne das letzte Wort beziehungsweise den letzten Tropfen hätte, ist die einmal in Gang gesetzte Lawine nicht mehr aufzuhalten. Zur Not und mit der nötigen Übung kann man nämlich auch an der Leine fast professionell markieren – und tut das auch, wenn man als pubertierender Jungspund was auf sich hält. Und das tun sie alle. Markieren funktioniert übrigens auch im Haus wunderbar, eine solch wichtige Tätigkeit muss schließlich trainiert werden, immer und überall. Frauchen erwähnte da mal was von 27 Wiederholungen, die nötig sind, um ein Verhalten zu festigen – da hält Hund sich doch gerne dran.

Mir rutscht ein leises »... sollte man meistbietend an das nächste Labor verkaufen« heraus und ich frage mich, warum ich mir das angetan habe. Ich

hätte es doch wissen müssen, denn eigentlich sollten die Erinnerungen an Andras Pubertät noch wach sein, denn auch Andras Pubertät war damals ein Drama in 100 Akten.

Im ersten halben Jahr verlief damals alles noch überraschend unkompliziert. Da mir die Probleme mit einem Beagle bekannt waren, lief Andra draußen ausschließlich an der Schleppleine. Wir arbeiteten viel und sie wurde ein richtiger Vorzeigehund. Doch dann kam, was wohl kommen musste – die Pubertät, das Alter, in dem ein Hund die Welt entdeckt, einen großen Freiheitsdrang entwickelt und selbstständig wird. Das Alter, in dem »Puberta« zu Andras zweitem Vornamen wurde. Oder doch eher das Alter, in dem der Hundehalter schwierig wird? Ich vertraute ihr und ihrem Können damals zu früh – sie war ja bis Dato ein Vorzeigebeagle – und wurde leichtsinnig, weil ich dachte, Andra ist der andere Beagle. Ich ließ parallel zur Schleppleine auch die Erziehung schleifen und ruhte mich auf meinen Lorbeeren aus, und das Drama nahm seinen Lauf: Ein einziger Ausflug alleine reichte aus und alles bis dahin Gelernte war wie weggeblasen. Ab diesem Moment war Andras einziger Lebensinhalt, mich auszutricksen und stiften zu gehen. Das war das 1:0 gegen mich, denn reiche einem pubertierendem Beagle den kleinen Finger und er wird die ganze Hand nehmen! Das wusste ich aber damals noch nicht und war viel zu gutgläubig und vertrauensselig und außerdem der Meinung, dass das arme Tier sich ja auch mal

ohne Leine austoben muss. Dadurch gab ich ihr immer wieder die Möglichkeit, ihr selbst belohnendes Verhalten zu festigen und weitere Teilsiege gegen mich zu erringen. An der Isar wurde ich schnell zur Frau »Haben-Sie-einen-Beagle-Gesehen?«, aber auch Frauchen lernt ja dazu und so versteckte ich zeitweise einfach meine zweite Leine in der Hosentasche, so dass auch ja niemand auf die Idee kommen konnte, dass ich ja eigentlich mit (damals) zwei Hunden unterwegs sein müsste. Außerdem lernte ich, dass ein Beagle mindestens sieben Leben haben muss. Manchmal dauerte es ewig lange, bis Andra wieder auftauchte. Ich bastelte in Gedanken sehr viele kleine Beagle-Voodoo-Puppen, doch dann stand sie jedes Mal wieder unversehrt, guter Dinge und mit einem voll gefressenen Bauch vor der Türe – und meine ganze Wut war mit einem Blick in ihre wunderschönen dunkelbraunen Beagleaugen schnell verflogen. Ich bin inzwischen zu der festen Überzeugung gelangt, dass der liebe Gott – oder wer auch immer – Hunden diesen bestimmten Blick mit auf den Weg gab, um sie alle (durchaus berechtigten!) Wutanfälle ihrer Besitzer unbeschadet überstehen zu lassen. Andra wurde übrigens sogar in meiner damaligen WG von meinen Mitbewohnern »Prinzessin Kullerauge« genannt. Zum Glück! Sonst hätte ich mir sicherlich eine neue Bleibe suchen müssen, denn von Putzplänen und Eigentumsrechten hatte der Beagle noch nie etwas gehört ...

Aber nun zurück zum Junghundekurs und zu Herrn Meier, der sich immer noch ausgiebig der Pflege der Grashalme widmet. Wie war das? »Vergessen Sie vor lauter Liebe die Konsequenz nicht. Und schon gar nicht vor lauter Konsequenz die Liebe.« O.k., nachdem ich Meier ein (für Frauchen) gesichtswahrendes »Sitz« abgerungen hatte, machten wir uns auf den Heimweg. Und während ich mantraartig vom »Lebensabschnitt Pubertät« redete, kam mir der Gedanke, dass ich eigentlich dankbar sein müsste, dass der Kerl bisher nicht den Freiheitsdrang verspürt, den Andra in diesem Alter hatte.

Zuhause ist auch gleich wieder für Abwechslung gesorgt. Ich kümmere mich schließlich um das beaglige Entertainment-Programm und habe Handwerker zuhause. Noch spannender als Handwerker sind für Meier nur Türen, die von diesen versehentlich Bruchteile von Sekunden offen gelassen werden, denn eines von Herr Meiers Lebensmottos ist: »Wer früher geht, ist länger weg.« Gesagt, getan, denn die Komposthaufen der Nachbarn wollen ja auch kein einsames Dasein fristen. Außerdem war da doch neulich die nette Nachbarin mit den tollen Leckerlis, die freut sich bestimmt über Besuch, und Herr Schneider und Frau Oberlader auch. »Bekannt wie ein bunter Hund« kommt nicht von ungefähr. Meine Hoffnungen auf einen nicht ganz so explorationsfreudigen Beagle verschwanden also zeitgleich mit selbigem ...

Noch schöner als der Ausflug war allerdings das wieder Heimkommen. Nur an den roten Teppich habe ich nicht gedacht, trotzdem war ich sehr erleichtert, als er wieder da war. Er weiß offenbar trotz des derzeit grassierenden Pubertäts-Alzheimers, dass er nur seine noch in viel zu viel Haut und Fell verpackte Stirn in charmante Runzeln legen muss, damit ihm keiner mehr böse

ist. Funktioniert immer, bisher ... Prinz Kullerauge? Es scheint eine ganze Dynastie zu sein.

Das Paar nagelneue Schuhe und die erledigte Steuererklärung, die er mit den Abdrücken seiner Zähne verschönert hat, lassen wir hier mal unter den Tisch fallen, oder wie ich es getan habe, in den Mülleimer. »Mülleimer, Essen ...?!«, denkt der Beagle.

Er hat sich übrigens nicht spezialisiert, neben Schuhen und Steuererklärungen werden auch Türzargen, Handys, Brillen und Teppiche gerne als Kauspielzeug angenommen. Man ist ja nicht wählerisch. Spannend ist allerdings die Tatsache, dass es selten irgendwelche Paar Schuhe oder gar alte erwischt, sondern grundsätzlich das neuste Paar Lieblingsschuhe daran glauben muss. Die Lieblingssachen des Frauchens werden also automatisch auch zu den Lieblingsspielzeugen des Beagles, was nur einseitige Begeisterung

hervorruft. Bleibt also vorerst nur die Hoffnung auf den »Lebensabschnittsgefährten Canis pubertus« und darauf, dass der Spuk irgendwann vorbei ist. Wenn es ihn glücklich macht?! Mich macht es jedenfalls glücklich, mantraartig den ganzen Tag »die Pubertät ist ein Lebensabschnitts(reise)gefährte – sie geht vorbei« vor mich hin zu murmeln und ganz fest daran zu glauben ...

Allerdings muss ich der Fairness halber auch erwähnen, dass zum Beispiel an Piccolo die Pubertät fast spurlos vorüber ging und sein »will-to-please« in keinster Weise darunter litt. O.k., er war vielleicht noch ein bisschen größenwahnsinniger als sonst, aber das schiebe ich eher dem Kleinhunde-Dasein als der Pubertät in den Koffer. Das kennen wir ja alle von Berlusconi ...

Auch Güneş' und sogar Andras Pubertät waren eine Kaffeefahrt im Gegensatz zum Abenteuerurlaub mit Meier! Aber solange man nicht reisekrank ist, macht so eine wilde Fahrt durch Serpentinen ja unter Umständen auch Spaß und ist im Zweifelsfall einer langweiligen Autobahnfahrt vorzuziehen. Wenn's einfach wäre, könnte es ja jeder ...

Die teambildenden Effekte einer gemeinsam überstandenen Pubertät sind keinesfalls zu unterschätzen und wer die Challenge annimmt und sich gemeinsam durch den Dschungel der Pubertät schlägt, ohne dass die Beziehung in die Brüche geht, den bringt auch danach so schnell nichts mehr aus der Ruhe. Die Pubertät als Chance für beide Enden der Leine? Vielleicht hilft auch hier eine veränderte Sicht auf die Dinge.

Inzwischen sind Meier und ich übrigens ein Traumpaar und souveräner könnte ich mir den Beaglebuben gar nicht wünschen.

Ein Koffer Buntes

Mit dem erwachsenen Hund durch ruhige Fahrwasser?

6

»Wer in ein Land reist, bevor er einige Kenntnisse von dessen Sprache hat, der geht in die Schule und nicht etwa auf Reisen.« (Francis Bacon)

Die Zeit mit dem unglaublich süßen, Schuhe zerlegenden Monster liegt hinter Ihnen, Sie haben sich durch die Serpentinen der Pubertät gekämpft, ohne chronisch reisekrank zu werden, und beginnen jetzt die längste Etappe der Reise durch das Hundeleben: die Zeit mit dem erwachsenen Hund. Wenn bisher alles gut gelaufen ist, haben Sie jetzt Zeit, sich ein bisschen zurückzulehnen, die Füße hochzulegen und die gemeinsame Reise zu genießen. Die Reisegruppe ist auf den letzten Teilstücken zum eingespielten Team geworden und nun ist endlich die Zeit gekom-

men, auch mal die wunderschöne Landschaft recht und links des Weges zu bewundern und die Seele baumeln zu lassen.

Liebeslänglich – Gebunden reist es sich besser!

Bindung ist eines der Schlagworte in der Hundeszene und bezeichnet hier die besondere und einzigartige soziale Beziehung zwischen Mensch und Hund. Sie ist zum einen Folge einer Sozialisation mit Menschen, zum anderen genetisch bedingt, und wird als mögliche evolutionäre Anpassung an das Leben in Mensch-Gruppen interpretiert. Menschen und Hunde sind beide hoch soziale Lebewesen – unter anderem deswegen, weil ein kooperatives Miteinander Vorteile bietet, zum Beispiel bei der Territorialverteidigung, bei der Aufzucht von Jungtieren und bei der Jagd. Oder beim Kampf gegen kalte Füße.
Die Bindung macht den Bindungspartner Hund zu etwas ganz besonderem. Wenn ich nach

Hause komme, freue ich mich, von Hunden begrüßt zu werden. Aber eben nicht von irgendwelchen Hunden, sondern von genau diesen drei Chaoten. Wenn ich ohne sie unterwegs bin, was kaum vorkommt, genieße ich zwei hundefreie Tage, freue mich, mal ausschlafen zu können und unabhängig zu sein, aber spätestens am dritten Tag fange ich an, sie zu vermissen. Andersrum ist das ähnlich: Auch meine Hunde können sich nach kurzer Irritation bei meinem Weggehen gut alleine beschäftigen, aber das kann die Beaglefraktion sowieso immer, wenn das kulinarische und das Entertainmentprogramm adäquat sind. Und auch sie freuen sich, wenn wir uns wiedersehen. Sie können Nähe und Distanz mir als Bezugsperson gegenüber angemessen regulieren und zeigen eine sogenannte sichere Bindung – das macht die Reise einfacher. Manche Hunde aber haben Angst, wenn sie ohne die Nähe ihres Menschen sein müssen, oder sie werden rasend vor Wut, wenn ihr Mensch allein geht und sie nicht mit dürfen. Die Gründe, die dahinter stekken können, sind mannigfaltig. Mit einer zu engen Bindung, wie das oft suggeriert wird, hat das aber nichts zu tun, in vielen Fällen steckt eine unsichere Bindung dahinter. Eine zu enge Bindung kann es gar nicht geben, es gibt ja auch nicht zu viel Glück ...

Eine sichere Bindung gibt – wie der Name sagt – Sicherheit. Der Bindungspartner dient als sichere Basis, von der aus man beruhigt Explorationsverhalten zeigen und die Welt erkunden kann, und er hat eine wichtige Funktion als sicherer Hafen, in den man zurückkehren kann, wenn die Reise gefährlich wird. Quasi das Base Camp bei der Mount Everest Expedition. Ich bin Basislager für meine Hunde, und sie zeigen mir das auch immer wieder, was mich glücklich macht. Genauso sind aber auch meine Hunde mein Base Camp, ich merke immer wieder, dass auch sie mir soziale Unterstützung in stressigen Situationen geben. In schweren Zeiten wich Meier mir wochenlang nicht von der Seite und ich hatte das Gefühl, dass er sich verantwortlich fühlt. Er teilte meine Sorgen und versuchte zu stabilisieren. Und es gelang ihm! Sein Verhalten damals war aber weit weg von »Weltherrschaft übernehmen«, Dominanz, Status sichern oder ähnlichem, es hatte etwas Selbstverständliches. Auch Meier sucht bei mir Zuflucht, wenn es brenzlig wird. Zugegebenermaßen ist das nicht allzu oft der Fall, denn seine Persönlichkeit habe ich Ihnen ja bereits im zweiten Kapitel beschrieben. Aber es kommt gelegentlich vor, und dann sind das wahre Gänsehaut-Momente für mich. Letztes Jahr hatten wir wieder eine solche Situation, in der er mir ziemlich eindeutig zeigte, dass ich für ihn das Base Camp bin. Wir waren auf einem Seminar und ich stelle Meier als Trainingshund für einen Hund mit Leinenaggression zur Verfügung, weil ich eben weiß, dass er dank seiner stabilen Frohnatur gut mit solchen Situationen umgehen kann. Der andere Hund hatte ihn bereits vorher im Auslauf zweimal »angemacht«, was Meier mit der ihm eigenen Nicht-zur-Kenntnis-nehmen-Mentalität nicht zur Kenntnis nahm, sich sein Krönchen richtete und zum Alltagsgeschäft, den anstehenden Markierarbeiten, überging. Der Hund war es also nicht. Aber als ich mit Meier auf dem Boden saß und sich der Trainer mit dem Hund an Meier und mich annäherte, während er mit ihm arbeitete, veränderte sich die Stimmung unter den Teilnehmern des Seminars, weil alle sehr beeindruckt von der gezeigten Arbeit waren. Es wurde mucksmäuschenstill. Meiers feine Antennen für Stimmungen nahmen das sofort wahr, die Situation war – in Verbindung mit dem Hund – unheimlich für ihn. Unheimlich ist eine Situation,

die dem Beagle fremd ist, und bei »unheimlich« funktioniert die Krönchen-richten-Taktik offenbar nicht. Während er anfangs noch unbeteiligt an jedem erreichbaren Grashalm schnüffelte, die Rute natürlich bis zum Anschlag nach oben und mit gefühlten 10-cm-High-Heels an den vier Pfoten, veränderte sich seine Körperhaltung, je stiller es wurde und je näher uns der andere Hund kam. Anstatt weg zu gehen, was er hätte tun können, wurde er ganz klein, zog die High Heels aus, und kroch auf der Suche nach Sicherheit förmlich in mich hinein. Ein großes Geschenk, das der kleine, größenwahnsinnige Beagle mir da machte! Ich hatte Gänsehaut am ganzen Körper und im Kopf Gedanken an die unzähligen Hundehalter, die mir ungefragt immer wieder erzählten, dass ich an der Bindung arbeiten müsse, wenn meine Beagles jagen gehen. Schöner kann ein Hund seine Bindung nicht zeigen – selbst den anderen Seminarteilnehmern fiel das auf. Ich bin also sichere Basis für ihn, aber auch der Hafen, von dem aus man jagen gehen kann.

Eine andere Situation, die mir zum Thema Bindung in den Kopf kommt, ist der Moment, an dem zwischen dem Dönertier und mir Vertrauen und eine Bindung entstand. Damals kämpften wir uns seit fast drei Jahren gemeinsam durch den Alltag, die Streetfighterin schlug sich allerdings nach wie vor alleine durch, und unser damaliges Zusammenleben würde ich als Zweck-WG bezeichnen. Wir wohnten in einer Wohnung, kannten uns und kamen soweit gut miteinander aus. Aber sie war nach wie vor sehr scheu und zurückhaltend, kümmerte sich selbst um ihr Wohlergehen. Bis zu jenem Tag, den ich nie vergessen werde. Ab da war alles anders. Güneş war durch eine Brombeerhecke gelaufen und hatte offenbar einen Dorn in der Pfote stecken. Und anstatt, wie bisher in ähnlichen Situationen, panisch davonzurennen und den Himmel dafür verantwortlich zu machen, hatte die Dauercamperin erstmals eine neue Idee: sie kam zu mir und hielt mir vorwurfsvoll die Pfote hin. Während ich die Dorne entfernte, hatte ich Tränen der Rührung in den Augen. Und tatsächlich war das der Durchbruch. Ab diesem Tag war ich auch für sie die sichere Basis, durfte mich um ihre Belange kümmern und sie suchte mich in für sie problematischen Situationen auf, um Schutz zu suchen. Ab diesem Tag war alles einfacher.

Die Aufgabe, meinen Hunden Schutz und Sicherheit zu bieten, nehme ich sehr ernst und versuche, ihr gewissenhaft nachzukommen. Denn nur durch meine Verlässlichkeit, kann ich

ihnen ein guter Bindungspartner sein und ihnen meinerseits auch untersagen, Gefahren selbst abzuwehren. Kümmere ich mich nicht, kann ich von meinen Hunden nicht verlangen, dass sie sich wehren. Die Situation in einem gut eingespielten Mensch-Hund-Team lässt sich mit der Situation in einem Cockpit vergleichen, was ja wieder ganz gut zum Reisethema passt. Wenn der Pilot aus irgendwelchen Gründen verhindert ist, weil er zum Beispiel mal für kleine Jungs muss, übernimmt der Copilot. Und wenn der Hundehalter lieber mit dem Handy am Ohr spazieren geht und nicht mitbekommt, dass seine Hunde gerade in der Bredouille stecken, übernehmen die hündischen Copiloten und regeln das Problem auf ihre Weise, aber nicht unbedingt diplomatisch … Gerade bei (angst-)aggressiven Klein(st)hunden sieht man leider sehr oft, wohin das führt. Ich finde nicht, dass ein Zwerg sich eine Analkontrolle bis in die Maulhöhle von hypersexuellen, zehnmal so schweren Artgenossen (Gerüchten zufolge sieht man oft Labradore bei dieser Tätigkeit) gefallen lassen muss! Ich möchte aber auch nicht, dass er das alleine regelt. Also nehme ich ihn zur Not auch auf den Arm, um ihn aus der Schusslinie zu bringen. Und weil Piccolo das weiß, sucht er in solchen Situationen aktiv meine Nähe. Spannend ist übrigens, dass die Halter dieser aufdringlichen Hunde immer erst in dem Moment auf der Bildfläche erscheinen, in dem Piccolo dann tatsächlich auf den Arm genommen wird, um mir vorwurfsvoll zu erklären, dass ich mich ja nicht wundern müsse, dass mein Hund so aggressiv sei, wenn ich ihn sogar auf den Arm nehme – schließlich könne man doch in jedem Buch nachlesen, dass man das nicht macht! Jetzt wissen Sie auch, warum ich ein Kleinhundebuch geschrieben habe ...

Ohne die Sicherheit der Bindung an den Menschen hat ein Hund, egal wie groß, ständig eine Fluchttendenz und gerät schnell in einen Kreislauf aus Angst und Aggression. Nur eine sichere Bindung ermöglicht es dem Hund, sich positiv mit seiner belebten und unbelebten Umwelt auseinanderzusetzen. Eine sichere Bindung stellt somit die Basis des Zusammenlebens und jeder Arbeit mit dem Hund dar. Das Vertrauen des Hundes und seine Bereitschaft für eine Bindung muss man sich erarbeiten, in dem man dem Hund vermittelt, dass man in jeder Lebenslage, weiß, was man tut, einen Plan hat, ihn beschützt, für ihn einsteht und für ihn all das regelt, wozu er selber nicht in der Lage ist.

Hormonell ist der Sozialkleber Oxytocin Grundlage für eine Bindung. Das Hormon Oxytocin ist ein wichtiger Gegenspieler der Stresshormone und der wahre Grund dafür, warum wir Hundehalter – mit einer guten Bindung an unseren Vierbeiner! – in der Regel weniger häufig erkranken, als der nicht Hunde haltende Teil der Bevölkerung. Denn dass Stress krank macht, ist bekannt. Eine Studie ergab nun, dass bereits wenige Minuten Spiel mit dem Hund, an den eine gute Bindung besteht, oder sogar nur ein Blickkontakt zu/von diesem, unseren Oxytocinspiegel ansteigen lässt und dadurch den Stresshormonen entgegenwirkt. Der Vergleich einer Gruppe notorischer Spaziergänger ohne Hund (so was gibt es!?), die ja genauso viel Bewegung und frische Luft hat, oder gar mit einer Gruppe von Katzenhaltern, die nicht bei Wind und Wetter draußen unterwegs ist, brachte eindeutig hervor,

dass die Gruppe mit Haustier weniger oft krank ist, weniger Arztbesuche benötigt und damit den Krankenkassen weniger Kosten verursacht als die Vergleichsgruppe ohne Haustier. Vielleicht sollten die Kassen endlich über Hundehaltertarife nachdenken ...?!

Ein häufig gemachter Denkfehler in Bezug auf die Bindung ist, guten Gehorsam automatisch mit einer guten Bindung gleichzusetzen. Das sind aber zwei Paar Schuhe. Ein Hund kann perfekt »funktionieren«, und dennoch muss er dazu keine Bindung an seinen Halter haben.
Es gibt viele wirklich gut ausgebildete Hunde, die jedes Kommando auf das erste Wort befolgen,

die kein Vertrauensverhältnis zu ihrem Hundeführer haben, und für die der Hundehalter alles andere als die eingangs beschriebene sichere Basis darstellt. Auf der anderen Seite gibt es Beagles. Meine Hunde (entschuldige, Piccolo! »Meine Beagles« soll das natürlich heißen) haben keinen perfekten Gehorsam, sie vom Jagen abzuhalten, erfordert meine volle Aufmerksamkeit und manchmal setzen sie sich erst aufs dritte »Hier!« in Bewegung, aber sie haben alle eine sehr gute Bindung und wir können uns in Stresssituationen aufeinander verlassen.

Beachvolleyball? Das Spiel ist das Ziel

Es gibt täglich viele Situationen mit meinen Hunden, in denen mir das Herz aufgeht und in denen ich mich dabei ertappe, wie ich sie mit einem verliebten Gesichtsausdruck beobachte. Aber im Gegensatz zum echten Verliebt-Sein gelingt es mir meistens, mich loszureißen und mich wieder dem zuzuwenden, was gerade ansteht. Mit einer Ausnahme: dem Spiel. Wenn meine Hunde alle Facetten des Spiels nutzen und sich zärtlich gegenseitig beknabbern, sanft miteinander auf der Couch rumkugeln, oder wenn sie wie wild über Tische und Bänke gehen, um ein kleines Jagdspiel im Wohnzimmer zu veranstalten, wenn sie dabei über das ganze Gesicht lachen und jede ihrer Bewegungen Lebensfreude ausdrückt, dann bin ich machtlos, kann meinen Blick nicht abwenden und merke, wie sich ihre Stimmung auf mich überträgt. Für mich ist es unbegreiflich, dass mache Hunde»experten« ernsthaft bestreiten, dass Hunde spielen. Das Spiel von Hunden begleitet uns zum Glück auf der gesamten Reise, denn es ist kein Privileg der Jugend. Doch nicht alles, was auf den ersten Blick nach Spiel ausschaut, ist auch Spiel!

Welches sind also die Punkte, die zutreffen müssen, um wirklich von Spielverhalten reden zu können? Eine wichtige Voraussetzung ist ein entspanntes Umfeld, denn wer Stress hat, spielt nicht! Wenn sich also in Ihrem Wohnzimmer Fressfeinde von Caniden herumtreiben, wird nicht gespielt. Sie sollten also erst die Braunbären vor die Türe setzen. Aber auch soziale Spannungen sind spieltötend. Gibt es Streit in der Gruppe, wird das Spiel auch bei denjenigen gehemmt, die mit der Streiterei gar nichts am Hut haben. Und in dem Fall ist es egal, ob es um Streitereien zwischen Hunden, Menschen oder Menschen und Hunden geht.

Deutlich erkennbare Merkmale von Spiel sind häufige Wiederholungen des Verhaltens, die freie Kombination von unterschiedlichsten Verhaltenselementen und auch das Fehlen der jeweiligen Endhandlung als Ziel des Verhaltens. So werden spielende Hunde in wilder und ungeordneter Reihenfolge Elemente des Kampfverhaltens, wie etwa Maulringen und Balgen, des Beutefangverhaltens, also Beschleichen, Anspringen und Schütteln, des Sexualverhaltens und der sozialen Körperpflege durch Knabbern und Belecken in unvorhersehbarer Folge miteinander kombinieren. Ein weiteres Merkmal ist der

Whippet sucht
anderen Sportfreak, mit dem ich ein Ferienhaus teilen kann. Morgens ein kleiner Sprint durch den Wüstensand, danach gechillt am Strand liegen, das ist meine Vorstellung von Urlaub! Deine auch? Dann melde Dich unter Chiffre »Gepard«

sogenannte Rollenwechsel: der Jäger dreht sich also plötzlich um und wird zum Gejagten, der in der Balgerei oben Stehende lässt sich fallen und liegt plötzlich unten. Auch beim Beutefangspiel wird das Anschleichen und Anspringen wechselseitig gezeigt. Spiel ist also immer zwischen beiden Parteien ausgewogen. Und das ist ein ganz wichtiger Punkt! Liegt immer derselbe unten oder wird als Quietschie missbraucht, ist eigentlich schnell klar, dass es sich nicht mehr um Spiel, sondern um Mobbing handelt. Trotzdem finden sich auf Hundewiesen immer wieder Halter, die mit stolzgeschwellter Brust erzählen, wie toll doch ihr süßer, kleiner 50-kg-Hund spielt – der in Wirklichkeit aber gerade den 3-kg-Chihuahua platt macht.

Was Spiel so beobachtenswert macht, sind die überschießenden und übertriebenen Bewegungen: Pfoten werden in die Luft geworfen, Köpfe um mehr als 180° verdreht und es werden Sprünge gezeigt, bei denen mir beim bloßen Zuschauen der Atem stockt. Man sieht dem Spieler an, dass er offensichtlich mit Energie nicht geizen muss. Schließlich werden im Spiel oft auch soziale Konventionen und Rollen aufgehoben. Auch der Ranghöhere liegt bei der Balgerei einmal unten und der Rangtiefere steht über ihm, oder man schließt sich im Spiel mit einem Hund zusammen, den man nicht so oft trifft, um sich gegen seinen besten Kumpel zu verbünden. Das sogenannte Selbsthandicap führt dazu, dass auch Klein-Piccolo im Spiel den dicken Max markieren darf, während Meier unter ihm begraben liegt und so tut, als hätte er keine Chance. Oder dass die windige Güneş locker von Andra beim Rennspiel eingeholt wurde – im Ernstfall würde all dies nicht passieren.

Und wofür das alles? Natürlich, um mein Herz zum Hüpfen zu bringen! Aber auch die Hunde profitieren: Spiel dient dem körperlichen Training und der Kondition. Muskeln, der gesamte Bewegungsapparat, das Nervensystem und die Durchblutung werden durch Spielverhalten auf Trab gehalten. Auch das Training der Geschicklichkeit beim Spiel ist unbestreitbar. Viele Bewegungen, sei es im Kampf oder im Beutefang, treten im Leben eines Tieres nur sehr selten auf. Dann aber müssen sie sehr gut, zielsicher und schnell sitzen. Im Spiel besteht die Möglichkeit, diese zu trainieren. Auch Situationen, mit denen man nur selten konfrontiert wird, etwa die plötzliche Übernahme einer ranghohen Position oder der Verlust der Rangposition, können im Spiel geübt werden. Ähnliches gilt für soziale Konstellationen. So wie man zum Beispiel in einem gut geführten Tanzkurs eben nicht immer mit dem gleichen Partner tanzt, sondern reihenweise durchwechselt, um die Bewegungen unabhängig von den individuellen Macken des eigenen Partners zu lernen, werden auch im Spielverhalten die Partner hin und wieder gewechselt, um den Bewegungsablauf unabhängig von individuellen Eigenschaften des Gegenübers trainieren zu können. Hier wird in allen möglichen Konstellationen gespielt, allerdings finden sich oft Meier und Piccolo zusammen, und auch Andra und Güneş hatten lebenslang ein ganz besonderes Ritual: Sie gingen sich meist 23 Stunden und 57 Minuten täglich aus dem Weg, trafen sich aber allabendlich zum Spiel. Dann ging es drei Minuten lang rund, es entbrannte ein regelrechter Showtanz, bevor sich jeder wieder seinen Alltagsgeschäften zuwandte. Nachdem das alte Dönertier den Reiserücktritt angetreten hatte, drehte Andra weiterhin für einige Wochen jeden Abend alleine die Runde im Garten, die vorher fester Andra-Güneş-Spiel-Routine-Bestandteil war. Auch als ich Güneş an dem Plätzchen im Garten beerdigt habe, an dem beide vorher im Spiel immer kurz innegehalten

haben, sprintete Andra unvermittelt los und drehte eine Ehrenrunde und trug dabei ein lachendes Spielgesicht.

Schließlich dient Spielen auch dem Lernen von sozialen Regeln und Konventionen. Man kann ausprobieren, was passiert, wenn man selber oder ein Artgenosse dieses oder jenes Signal sendet, wie man darauf reagiert oder wie man darauf nicht reagiert, ohne dass das gleich zu sehr massiven bis gefährlichen Konsequenzen führt. Andra nahm sich im Spiel Güneş gegenüber Dinge heraus, an die sie außerhalb des Spielfeldes nicht einmal im (Alp-)Traum gedacht hätte. Und es war nie ein Problem. Im Spiel werden sogar Aspekte wie Fairness und korrektes Anwenden von Signalen und von Verhaltensmustern trainiert. Marc Bekoff (emeritierter Professor für Ökologie und Evolutionsbiologie an der Universität Boulder, Colorado, USA) ist einer der führenden Forscher zum Thema Spielverhalten bei Hundeartigen, hat wiederholt beobachtet, dass Hunde, Kojoten und andere Caniden, die sich im Spiel unfair und nicht regelkonform verhalten, mit der Zeit gemieden und ausgegrenzt werden. Auch als Mensch bekommt man von seinem Hund irgendwann die rote Karte gezeigt, wenn man die Spielregeln missachtet. Hunde, die sich an die Regeln halten, zeigen hin-

gegen selbst bei sehr hektischen und schnellen Szenen noch Spielgesichter, lachen also während des Spiels über das ganze Gesicht. Sie halten Blickkontakt mit dem Gegenüber und signalisieren, dass das derzeit gezeigte Verhalten nicht ernst gemeint und damit auch nicht potentiell gefährlich ist. Auch das muss geübt und gelernt werden.

Hundeartige gehören zu den wenigen Säugetierarten, bei denen Spiel auch von erwachsenen Tieren in freier Natur gezeigt wird. Die Funktionen dieser Spielszenen von erwachsenen Wölfen, Wildhunden, Schakalen etc. sind, insbesondere in der Zeit kurz vor der Läufigkeit der Hündin, in der Vertiefung und Festigung der Paarbindung zu sehen. Der Rüde wird ausgiebig auf seine Fitness getestet, bevor er seine Gene weitergeben darf. Auch Züchter berichten immer wieder von Hündinnen, die den Rüden erst einmal zwei Tage platt spielen, bevor er dann ran darf – wenn er dann noch kann ...

Außerdem dient das Spiel auch der Integration und dem besseren Zusammenhalt des Sozialverbands bzw. der Familie. Und das tut es auch zwischen Mensch und Hund!

Auch das Gehirn profitiert vom Spiel! Nachweislich werden bei Welpen und Junghunden mehrere Teile des Gehirns, die mit räumlicher Orientierung, Bewegungskoordination und dem feinmotorischen Ablauf von Bewegungen zu tun haben, durch Spielverhalten verstärkt. Dort werden Zellteilungen angeregt, die Hirnrinde wird dicker und die Zahl und die Verknüpfungsdichte der Nervenfasern steigen an. Folglich ergeben sich Probleme, wenn Hunde in der Welpen- und frühen Junghundphase nicht toben und sich nicht spielerisch bewegen dürfen. Diese Hunde werden oft grobmotorisch beeinträchtigt und haben ernsthafte Probleme damit, die Balance zu halten.

Wie bereits geschrieben, hemmen belastende, gefährliche und unklare Lebensumstände häufig die Entwicklung und Ausführung von Spielverhalten. Die Aktivität der Stresshormone im Gehirn dämpft merklich und nachweisbar die Lust am Spielen, und auch spielerisches Lernen funktioniert dementsprechend nicht in einer belastenden und stressgeladenen Umwelt. Auch Beobachtungen an Hunden zeigen, dass gerade potentiell gefährlichere Formen von Spiel, wie etwa Balgereien, spielerisches Raufen oder auch die Beutefangspiele nicht gezeigt werden, so lange man in der Entwicklung der Sozialbeziehung zum betreffenden Spielpartner noch nicht weit genug miteinander vertraut ist. Gut Spiel will Weile haben – bei Güneş dauerte es vier Jahre, bis sie sich das erste mal auf ein richtiges Spiel mit mir einließ. Ganz anders bei Meier, dem die Natur ein unerschütterliches Vertrauen in seine Mithunde und -menschen mit auf den Weg gegeben hat. Er tobte damals schon am ersten Abend, nachdem er seine Köfferchen ausgepackt hatte, wie wild mit mir über das Sofa, weil die anderen Hunde noch nicht so recht wollten. Ach übrigens: Entgegen dem, was man immer noch in vielen Ratgebern liest, ist es völlig egal, wer mit dem Spiel beginnt, wer als »Sieger« herausgeht und wer aufhört. Zumindest dem Hund ist das egal. Spiel ist frei von Rollenverteilungen und der immer wieder gerne bemühten Dominanz.

Spiel kann viel! Vor allem ist es so bindungsfördernd wie kaum etwas anderes, was man mit seinem Hund unternehmen kann. Und trotzdem wird es leider oft vernachlässigt. Wenn man in einem Hundeforum die Frage stellt, wie man die Bindung zu seinem Hund verbessern kann, wird man sicherlich sofort den »Tipp« bekommen, den Hund ausschließlich aus der Hand zu füttern, man wird vermutlich dazu aufgefordert, mit seinem Hund Agility zu machen oder stets der Rudelführer zu sein. Dabei ist für die Bindung wenig so förderlich wie Spiel. Studien haben nachgewiesen, dass bereits einige Minuten Spiel mit dem Hund das Oxytocin, den Saft, aus dem Bindungen sind, sprudeln lässt. Spiel bindet also. Auch das hat Marc Bekoff in einen schönen Satz gepackt: »Play together, stay together.« Wo er recht hat, hat er recht. Und gemeinsam spielerisch zu reisen, macht einfach mehr Spaß!

Reisefieber? Flugangst? Stress beim Hund

Eine Definition von Stress besagt, dass Stress dann entsteht, wenn das Anpassungssystem des Tieres überfordert wird und dadurch negative Konsequenzen für Gesundheit oder Fortpflanzung entstehen. Eine Stressreaktion ist also eine körperliche und/oder seelische Reaktion auf die Einwirkung von Stressoren, die das innere Gleichgewicht, die sogenannte Homöostase verletzen. Mit der Homöostase ist die Aufrechterhaltung des inneren Milieus des Körpers mit Hilfe von Regelsystemen gemeint. Diese Systeme sind unter anderem die Regelung des Kreislaufs, der Körpertemperatur, des pH-Wertes, des Wasser- und Elektrolythaushaltes oder die Steuerung des Hormonhaushaltes. Der Begriff »Stress« wird sowohl in der Medizin als auch in der Psychologie benutzt. Die Regulation dieser Systeme geschieht auf unterschiedlichen Niveaus. Sie können durch Hormone, Reflex- und Instinktverhalten, aber auch durch einfache Anpassung oder erworbene Gewohnheiten sowie auch durch bewusste Willenshandlungen angepasst werden. Aus dem Lot geratene Körperfunktionen haben verunsichernde Auswirkungen auf die Psyche und das Verhalten von Lebewesen. Andersrum kann ebenso ein psychisches Ungleichgewicht die physiologischen Funktionen des Körpers beeinflussen und aus dem Gleichgewicht bringen, also die Homöostase stören. Auch Hunde sind immer wieder Situationen ausgesetzt, die den homöostatischen Zustand der »Einheit von Körper und Seele« durcheinanderbringen – es entsteht ein Ungleichgewicht, das bedeutet Stress.

Bei akutem Stress kommt es zunächst zu einer verstärkten Produktion der Botenstoffe Adre-

nalin, dem Fluchthormon, und Noradrenalin, dem Kampfhormon. Unmittelbar, nämlich innerhalb von Millisekunden, zeigen sich die physiologischen Reaktionen: Die Herzfrequenz und das Herzminutenvolumen sowie die Durchblutung von Muskeln und Gehirn steigen. Die Bronchien werden erweitert und ermöglichen eine erhöhte Sauerstoffaufnahme. Eine erhöhte Gerinnungsfähigkeit des Blutes sowie ein Anstieg von unspezifischen Immunzellen, beschleunigen die Wundheilung (falls es zur Verletzung kommen sollte). Der vor allem aus der Leber freigesetzte Zucker liefert Energie für die Muskelarbeit. Durch diese Regulationsmechanismen kann der Organismus auf die »Fight-and-Flight-Reaktion« zurückgreifen, die im Zweifelsfall das Überleben sichert, wenn Kaugummis oder Himmel zuschlagen. Dauert die Belastung länger an, folgt das Stresshormon aus der Nebennierenrinde, das Cortisol, das wesentlich träger in seiner Reaktion ist und sich erst nach einigen Minuten nachweisen lässt. Es bewirkt im Körper eine große Zahl von Anpassungsreaktionen an die Belastung: Eiweiß aus der Muskulatur wird abgebaut und in Energie umgewandelt, der Blutzuckerspiegel wird dadurch erhöht, um Energie bereitzustellen. Eine gewisse Zeit lässt sich der Stress so in Schach halten, aber irgendwann sind die Anpassungsmöglichkeiten erschöpft, das System bricht zusammen: Das Immunsystem wird unterdrückt, es besteht eine erhöhte Gefahr für Infektionen, Fortpflanzung und Wachstum bleiben auf der Strecke.

Es gibt eine Vielzahl von Stressanzeichen beim Hund, wichtig ist, dass der Halter seinen Hund kennt und diese Anzeichen deuten kann. Typisch für einen Hund, der Stress hat, ist das sogenannte Stresshecheln. Der Hund hat dabei seine gesamte Gesichtsmuskulatur nach hinten gezogen, die Atemfrequenz ist erhöht, die Ohren sind angelegt, er hat sehr spitze Maulwinkel und produziert beim Hecheln auffällig viel Speichel. Ich hatte mich anfangs immer gewundert, dass das Dönertierchen bereits beim Anblick unseres Autos zu hecheln begann und das Auto, wenn sie doch einmal mitfahren musste, danach nass gespeichelt war. Zu Beginn musste sie das Auto nicht einmal sehen, sie erbrach schon vor der Haustüre beim bloßen Eindrehen meiner Schultern Richtung Parkplatz regelmäßig vor meine Füße. Die Pupillen sind im Stress vergrößert, die Haut beginnt zu schuppen und der Hund verliert Haare. Sicherlich kennen das die meisten von Ihnen vom Tierarztbesuch. Viele Hunde äußern Stress auch durch eine verstärkte Vokalisation, sie bellen oder fiepen ununterbrochen. Die meisten Hunde fressen nichts mehr, wenn sie richtig Stress haben. Weitere Symptome für Dauerstress sind Schlaflosigkeit, Nicht-zur-Ruhe-Kommen und in Folge dessen auch ständige Übermüdung. Bleibt der Daueralarm bestehen, und hat der Hund keine Möglichkeit, den Stress wieder abzubauen, trägt der Körper ernsthafte Schäden davon, wie zum Beispiel Bluthochdruck, Diabetes mellitus, Depressionen, Infektionen, Verdauungsbeschwerden, Gewichtsabnahme, Magengeschwüre und vieles mehr. Auch eine verspannte Rückenmuskulatur ist typisch für Hunde im Dauerstress, da sie im Stress vermehrt durchblutet wird, um im Falle von Kampf oder Flucht bereits vorgeglüht und schnell einsatzbereit zu sein. Auch Hunde bekommen also »Rücken«. Überhaupt loht es sich, den Hund ab und zu einfach mal ganz bewusst anzufassen, denn der Körper verrät nicht nur viel über den körperlichen Zustand, sondern auch über die Psyche. Mens sana in corpore sano – ein gesunder Geist in einem gesunden Körper, wussten schon die alten Römer. Und umgekehrt gilt das genauso, weil

sich Körper und Geist nicht trennen lassen. Vor allem zu Beginn unserer gemeinsamen Reise spiegelte der Körper des Dönertierchens deutlich ihren Stresslevel wider. Die Rückenmuskulatur war stets verhärtet, und sie war noch magerer als sonst, da sämtliche Energie, die sie zu sich nahm, sofort wieder umgesetzt und dem Körper für die Stressreaktion zu Verfügung gestellt wurde.

Stress findet im Kopf statt! Was als Stress empfunden wird, ist sehr subjektiv. Der Organismus nimmt den Stressor aufgrund seiner biologischen, psychischen und genetischen Disposition sowie seines momentanen psychischen und physischen Zustandes unterschiedlich wahr und ordnet ihn entweder als Herausforderung (Eustress) oder Überforderung (Distress) ein. Das erklärt, warum viele Hunde zum Beispiel ein Problem mit Silvester haben, andere aber mit großen Augen auf dem Balkon stehen und das Feuerwerk bewundern. Wie nicht anders zu erwarten, steht Meier Silvester mit großen Augen auf dem Balkon und bewundert das Feuerwerk, er scheint überzeugt zu sein, dass all das Zinnober nur ihm zu Ehren veranstaltet wird. Piccolo sucht meine Nähe, weil sie ihm Sicherheit gibt, und hat in meiner Anwesenheit kein Problem mit dem Geböllere. Güneş und Andra verkrochen sich regelmäßig, einmal musste ich sogar den Lattenrost aus dem Bett ausbauen, weil Andra sich darunter verhakt hatte. Spannend ist in diesem Zusammenhang, dass es bei Andra offenbar fast nur Stimmungsübertragung von Güneş war, denn die letzten zwei Jahreswechsel, die wir ohne das Dönertierchen verbracht haben, war sie deutlich gelassener und auch ihr reichte meine Anwesenheit zur Entspannung. Auch das zeigt die enge Verbindung, die zwischen diesen beiden Hündinnen bestand.

Entscheidend ist, wie dieser Hund ähnliche Situationen in der Vergangenheit bewältigt hat. Wenn er gut damit zurecht gekommen ist, wird er die aktuelle Lage als wenig belastend empfinden. Hat er allerdings das Gefühl »ich schaff das nicht«, ist er also überfordert, entsteht (Di-)Stress und die oben genannten Reaktionen kommen in Gang.

Was aber sicherlich jedem Hund Stress bereitet, sind zum Beispiel körperliche Schmerzen, eine dauerhafte Reizüberflutung oder auch, auf der anderen Seite, eine dauerhafte Unterforderung.

Aber wie viel Stress ist denn nun eigentlich o.k.? Darüber streitet sich die Hundewelt. »Da muss er durch!« oder »Bloß kein Stress?«, diesen zwei extremen Standpunkten begegnet man immer wieder. Auf der einen Seite wird Hunden oft sehr viel zugemutet, sie werden mit ihrem Stress allei-

ne gelassen und müssen schauen, wie sie damit zurechtkommen. Auf der anderen Seite gibt es die Tendenz, jeglichen Stress bei Hunden zu vermeiden, sie werden von Welpenbeinen an in Watte gepackt und lernen nie, sich mit Stress auseinanderzusetzen. Wie so oft liegt die Wahrheit auch hier in der Mitte. Entscheidend ist, dass der Stress nicht zum Dauerzustand wird und zu bewältigen ist.

Gelegentlicher Stress beflügelt Geist und Körper, Dauerstress hemmt und macht krank.

Jede Art von freudiger Erwartungshaltung beim Hund ist »positiver Stress«. Wenn Sie also die Leine in die Hand nehmen oder das Futter zubereiten, entsteht Vorfreude und damit bereits Stress für den Hund. Auch bei der Arbeit mit dem Hund entsteht Stress, der in Maßen sogar anregend wirkt. Solange man diesen positiven Stress aufrecht erhalten kann, wird der Hund sehr motiviert sein und gut mitarbeiten. Er ist ein Anreiz und eine Herausforderung und wirkt antriebsfördernd, ähnlich dem Lampenfieber, das viele Künstler vor einem Auftritt geradezu brauchen. Zum Problem wird aber auch dieser an sich positive Stress, wenn er überhand nimmt und kein Ventil findet. Denn dann laufen die selben Reaktionen im Körper ab, wie beim negativen Distress. Man denke nur an den völlig überdrehten Border Collie auf dem Weg zum Hundeplatz, der in Erwartung des Agility-Parcours überhaupt nicht mehr zur Ruhe kommt. Bleibt er dauerhaft in diesem Zustand, macht auch dieser Stress krank. Es gibt immer wieder Beispiele von unse-

ren menschlichen Artgenossen, die einen millionenschweren Lottogewinn abstauben, was zunächst sicherlich positiv zu bewerten ist, die dann aber durch den Stress einen Herzinfarkt erleiden. Dann kann man sich – im wahrsten Sinne des Wortes – von seinem positiven Stress auch nichts mehr kaufen ...

Bewältigt der Hund die Bedrohung, die durch den Stressor entsteht, reagiert der Körper mit Entspannung. Eine wichtige Funktion übernimmt dabei der Hippocampus im Gehirn. Zum einen ist er daran beteiligt, den weiteren Ausstoß von Stresshormonen zu zügeln, zum anderen spielt er eine zentrale Rolle im Belohnungssystem des Gehirns. Als ein Abbauprodukt in der Entspannungsreaktion entstehen Endorphine, eine Art körpereigenes Morphium. Der Hund fühlt sich wohl und das Belohnungszentrum in seinem Gehirn registriert: Alles richtig gemacht! Entscheidend hierfür ist aber, dass er mit einem guten Gefühl aus der Situation geht, weil er sie meistern kann. Der Mensch spielt hier eine wichtige Rolle: er sollte seinen Hund einschätzen können, sollte wissen, wie viel er ihm zumuten kann, womit er zurechtkommt. Sicherlich ist das Maß an »verträglichem Stress« bei einem Dönertierchen ein anderes als bei einer Frohnatur wie Meier.

Der Mensch muss im Stress auf jeden Fall für seinen Hund da sein und ihn sozial unterstützen. Denn wenn die Bezugsperson des Hundes anwesend ist, kommt wieder das Bindungshormon Oxytocin ins Spiel, das Vertrauen schafft und, wie bereits mehrfach erwähnt, ein wichtiger Gegenspieler der Stresshormone ist. Der hormonelle Sozialkleber wird bereits beim Blickkontakt mit dem Hund, aber auch bei Berührungen gebildet, wenn eine Bindung besteht. Darum ist es so wichtig – auch wenn ich mich wiederhole – immer wieder darauf hinzuweisen, dass der häufig gegebene Ratschlag, den Hund zu ignorieren, wenn er Stress oder Angst hat, nicht nur falsch, sondern auch Gift für die Mensch-Hund-Beziehung ist. Hunde, die gelernt haben, dass ihnen die Unterstützung des Menschen hilft, werden diese sogar aktiv einfordern. So zum Beispiel Andra, die mich vor ein paar Jahren sehr über-

raschte. Bis dahin ist sie noch nie auf die Idee gekommen, auf einen Tisch zu springen – ich konnte sogar mein Essen auf dem Couchtisch stehen lassen und das Haus verlassen, es stand danach immer noch unangetastet dort, wo ich es hingestellt hatte. Dass alles anders ist, seit Meier zu unserer Reisegruppe gestoßen ist, muss ich wahrscheinlich nicht extra erwähnen ... Wetterfrösche waren gestern, Wetterbeagle sind heute! Andra ist so ein Wetterbeagle, denn an ihrer (Stress-)Reaktion merke ich lange bevor es tatsächlich da ist, dass ein Gewitter im Anzug ist. An diesem Tag beachtete ich sie aber nicht besonders, weil ich am Tisch saß und arbeitete. Mir zu Füßen lag das Dönertierchen, so dass dieser Platz besetzt war. Und was tat das schlaue Beaglechen? Es sprang mit einem großen Satz auf den Tisch und rollte sich dort so zusammen, dass ihr Rücken an meinem Unterarm lag – mit einer Selbstverständlichkeit, als hätten wir das schon die gesamte Reise über so gemacht. Ich musste erst einmal fassungslos laut lachen, bis mir klar wurde, dass ihr durch den Anmarsch des Gewitters keine andere Möglichkeit blieb, um sich körperliche Nähe zu verschaffen. Ich schmunzelte weiter vor mich hin und beide überleben wir auch dieses Gewitter gemeinsam am/auf dem Küchentisch. Und auch wenn Gewitter ohne Güneş kaum mehr ein Problem sind, habe ich meine Lektion gelernt und schaue, dass Andra ihr Anlehnungsbedürfnis in Stresssituationen ausleben kann und soziale Unterstützung bekommt.

Was hilft neben der sozialen Unterstützung gegen Stress? Auch andere Hormone und Botenstoffe haben den Stresshormonen etwas entgegen zu setzen. Zum Beispiel das männliche Sexualhormon Testosteron: es wirkt angstlösend und macht selbstbewusst. Einen unsicheren und zu Stress neigenden Hund sollte man, sofern keine medizinische Notwendigkeit besteht, keinesfalls kastrieren. Denn nimmt man aus dem Gleichgewicht der Stress- und Sexualhormone das Testosteron heraus, hat das Stresshormon Cortisol freie Bahn – die Stressanfälligkeit wird sich verschlimmern.

Ein weiterer hormoneller Gegenspieler der Stresshormone ist das sogenannte Glückshor-

mon Serotonin, das man über die Fütterung beeinflussen kann. Es wird im Gehirn aus der Aminosäure Tryptophan gebildet, die zum Beispiel in Lamm vermehrt enthalten ist, die aber auch als Nahrungsergänzungsmittel erhältlich ist.

Dem Stress wirkt aber ebenso die »Selbstbelohnungsdroge« Dopamin entgegen, ein weiterer Botenstoff aus dem Nebennierenmark, der immer dann gebildet wird, wenn man eine Aufgabe löst. Umgekehrt sinkt bei langfristigem Stress der Dopaminspiegel. Clickertraining, das Lösen von Intelligenzspielen oder auch jegliche Form von Nasenarbeit sind hingegen wahre Dopamin-Feuerwerke. Sie machen selbstbewusst, geben ein gutes Gefühl und wirken der Stressanfälligkeit nicht nur in der konkreten Situation, sondern auch langfristig entgegen. Wenn ich an Dopamin denke, denke ich an das Dönertierchen auf einem Fährten-Workshop, auf dem sie eigentlich nur als Statistin dabei war, weil Motivation und Güneş ja schwer vereinbar waren. Nachdem die Beagles ihren Part erledigt hatten, zeigte die Referentin auf das Dönertier und meinte »und jetzt die!«. Meine Erklärungen, dass Güneş sich sicherlich nicht für so etwas begeistern lässt und Leckerchen für mindestens ebenso überflüssig hält, wie Kaugummis, wurden in den Wind geschlagen und dem Dönertier ein Geschirr verpasst. »Na gut, sie wird Euch schon überzeugen, dass derlei Veranstaltungen nicht ihre Party sind, Ihr werdet schon sehen ...«, dachte ich. Da stand sie nun am Anfang einer 30-Meter-geradeaus-Fährte und war ein Bild des Elends: die Rute zwischen die Beine geklemmt, ganz klein und sehr arm. Aber sie lief irgendwann los und kapierte offenbar, was wir von ihr wollten. Auf der gesamten Fährte fraß sie kein Leckerchen und auch den Jackpot am Ende verschmähte sie erwartungsgemäß, aber die Fährte arbeitete sie trotzdem mit beinahe wissenschaftlicher Akribie ab. Alles andere als erwartungsgemäß war ihre Haltung bei der Arbeit: die Rute ging stetig weiter nach oben (ausnahmsweise nicht unterhalb, sondern oberhalb des Rückens) und man konnte ihr förmlich dabei zuschauen, wie sie wuchs. Sie wuchs nämlich im wahrsten Sinne des Wortes über sich hinaus und am Ende der Fährte war sie ein Hund, der stolz und selbstbewusst den Kopf oben trug und mir einen »Hast Du gesehen, was ich ganz alleine geschafft habe-Blick« zuwarf. Die Rute war quasi ein Dopamin-Barometer, das mit jedem geschafften Schritt weiter nach oben ausschlug. Es war wieder einer dieser Gänsehaut-Momente, die sie mir immer wieder schenkte.

Das Schöne am Dopamin ist, dass es nicht nur in der jeweiligen Situation stresslösend wirkt, sondern im vorauseilenden Gehorsam einen Effekt auf zukünftige Situationen hat.

Der Nachteil ist, dass es auch bei vom Menschen unerwünschtem, aber extrem selbstbelohnendem Verhalten seine Wirkungen zeigt. Das ist einer der Gründe, warum wir zum Beispiel beim Jagen kaum Chancen haben, unseren Hund zu unterbrechen ...

Auch bestimmte Düfte, wie zum Beispiel Kamille oder Lavendel, sind in Versuchen mit Tierheimhunden als stressdämpfend nachgewiesen worden, ebenso wie Musik. Hier waren es vor allem ruhige Klassik oder Balladen. Auch von Hunden, die positiv auf Entspannungs- oder Meditationsmusik reagieren, höre ich immer wieder. Meine legen sich im Auto sofort zur Ruhe, wenn der beruhigende Klang eines Hörbuches erklingt, denn dann wissen sie, dass wir länger unterwegs sind. Auch eine Form der konditionierten Entspannung ...

Probieren Sie aus, was Ihrem Vierbeiner in stressenden Situationen hilft! Geben Sie ihm die Möglichkeit, den Umgang mit Stress zu erlernen, Erfahrungen zu sammeln und auszuprobieren, wie er potentiell stressige Situationen bewältigen und mit einem positivem Gefühl aus ihnen herausgehen kann. Und seien Sie ihm – das ist wahrscheinlich fast der wichtigste Punkt – allzeit ein verlässlicher Bindungspartner, auf den er sich auch im Stress verlassen kann!

Handtuch auf Liegestuhl – Dominanz, Aggression und andere böse Dinge?

Dominanz und Aggression werden oft in einem Atemzug genannt, und nach wie vor ist für viele Menschen ein dominanter Hund automatisch ein aggressiver Hund. Dass das eine mit dem anderen in der Regel nichts zu tun hat, zeigt hoffentlich der folgende Abschnitt, der beides näher beleuchten soll.

Die meisten Hundehalter sind in hohem Maße verunsichert, wenn ihr Hund zum ersten Mal oder wiederholt aggressives Verhalten zeigt. Das ist nachvollziehbar. Wir Menschen tun uns schwer, die oft körperbetonte Art und Weise, wie Hunde miteinander umgehen, richtig zu deuten und angemessen damit umzugehen. Der Grund für diese Unsicherheit findet sich oft in der falschen Beurteilung aggressiven Verhaltens und in der Unkenntnis über verhaltensbiologische Zusammenhänge und einem tiefer gehenden Verständnis des komplexen Kommunikationsrepertoires der Hunde.

Um es gleich vorweg zu nehmen: Aggressive Kommunikation ist beim Hund genetisch disponiert und verhaltensbiologisch äußerst sinnvoll. Wenn dem nicht so wäre, dann hätte diese Verhaltensweise die Evolution sicher nicht überlebt. Aggression (von lat. Aggressio = heranschreiten, heranführen, angreifen) ist also biologisches Normalverhalten. Jeder Hund, unabhängig von Rasse, Rassemix, Größe, Geschlecht, Art der Sozialisation, egal ob Schlittenhunde in Grönland, Hütehunde in Schottland, Herdenschutzhunde in der Taiga oder der Strodtbeck-Beagle in Oberrimbach, besitzen die Fähigkeit zur aggressiven Kommunikation. Sie gehört zum hundespezifischen Verhaltensrepertoire.

Aggression und das damit verbundene Verhalten ist erst einmal also keine Verhaltensstörung, sondern für Hunde Alltag. Eine unter Wissenschaftlern anerkannte Definition des Begriffes stammt von dem britischen Verhaltensbiologen John Archer: »Aggression ist ein Regulationsverhalten, das von einem Tier eingesetzt wird, um störende Reize aus seiner unmittelbaren Umgebung zu entfernen.« Wenn einem ein Artgenosse zu nahe kommt, wird so lange mimisch, aber auch akustisch Droh- oder Aggressionsverhalten gezeigt, bis dieser die gewünschte Individualdistanz wieder eingenommen hat. Aggressive Kommunikation und aggressives Verhalten dienen also der Wiederherstellung des individuellen »Wohlfühlabstandes« eines Hundes zum Gegenüber und haben eben erst mal nicht die Absicht, den »Störungsreiz« zu beschädigen. Ganz im Gegenteil. Es wird in der Regel gezeigt, um eine eventuelle Beißerei, bei der es in der Tat zu Beschädigungen kommen kann, zu vermeiden. Diese individuelle Wohlfühl-Distanz haben auch Menschen. Auch ich würde mitunter, wenn mir jemand Fremdes zu sehr auf die Pelle rückt, gerne mal die Zähne zeigen.

Was aber passiert, wenn die aggressive Kommunikation, diese Lass-mich-in-Ruhe-Signale nicht akzeptiert werden? Oder aber vom Gegenüber ebenfalls mit aggressiven körpersprachlichen Signalen beantwortet wird? Jetzt kommen die vier »F« ins Spiel. Fight, Flight, Freeze, Flirt nennt die Verhaltensbiologie diese sogenannten agonistischen (wettbewerbs- oder rivaltitätsbezogenen) Verhaltensweisen. In der Regel findet blitzschnell, manchmal in Bruchteilen einer Sekunde eine Interessenabwägung und Chancenbewertung statt. Lohnt es sich zum Beispiel um die umstrittene Ressource, wie etwa den letzten freien Liegestuhl in der Sonne, zu kämpfen? Dabei wird auch blitzschnell bewertet, wie hoch die eigenen Siegeschancen unter Berücksichtigung der eigenen Erfahrungen, der Körpergröße und der Ernsthaftigkeit des Knurrens des Gegenübers sind. Ein Piccolo überlegte sich im Ernstfall dreimal, ob er sich mit einer Güneş wirklich anlegen soll, wohingegen er genau weiß, dass Andra im Zweifelsfall den Rückzug antritt und es nicht auf eine ernsthafte Auseinandersetzung ankommen lässt.

Hunde, die sich gut und länger kennen, gehen in der Regel »sanfter« miteinander um, als Hunde, die sich nicht oder kaum kennen. Der Grund hierfür ist sicher das intensivere Beziehungsgefüge einander bekannter und somit auch vertrauter Hunde, die eben nicht die bestehende Beziehung durch beschädigende Bisse aufs Spiel setzen möchten. In diesem Fall wird also meistens die weitere Reise in der Gruppe dem einzelnen Liegestuhl mit Blick aufs Meer vorgezogen.

Gibt es die überhaupt? Nein! Aggression hat viele Gesichter, denn das aggressive Verhalten des Hundes ist nur ein Werkzeug, das in verschiedenen Bereichen eingesetzt wird, und das durch viele unterschiedliche Hormone, Botenstoffe und auch Gehirnregionen gesteuert wird. Es ist quasi ein Vielzweckverhalten. Das erklärt auch, warum es keine pauschalen Trainingsansätze oder Verhaltenstherapien bei aggressivem Verhalten gibt. Alle Aggressionsformen und die zugrunde liegenden Hormone und Botenstoffe näher zu erläutern, wäre ein eigenes Buch, vielleicht wären es sogar mehrere Bände.

Auf eine Form der Aggression, die mir als Tierärztin besonders am Herzen liegt, möchte ich dennoch kurz eingehen: die Selbstschutzaggression. Die Selbstschutzaggression ist eine Form der Aggression, bei der dem Hund nichts anderes übrig bleibt, als sofort und ohne vorangehendes Drohverhalten und ohne langsame Eskalation mit voller Schlagkraft anzusetzen, um dann die Schrecksekunde des Gegners auszunutzen, um zu entkommen. Ob die Bedrohung tatsächlich so groß ist, spielt keine Rolle. Es kommt alleine auf das subjektive Empfinden des Tieres an. Dies ist ein völlig normales Verhalten, und sichert in der Natur oftmals das Überleben. Gesteuert wird dieses Verhalten von den Stresshormonen Cortisol, Adrenalin und Noradrenalin. Das Tückische ist, dass jedes Mal, wenn ein Hund eine als gefährlich eingeschätzte Situation erfolgreich überstanden hat, er dieses Verhalten als hilfreich und für die Zukunft als wirksame Alternative abspeichert und es bei nächster Gelegenheit wieder anwendet. Das fällt dann unter die Kategorie »Lernen am Erfolg«. Deshalb ist die Führungskompetenz des Hundehalters so bedeutsam, damit Hunde nicht in für sie bedrohlichen Situationen allein gelassen werden (»das machen die schon unter sich aus!«), sich dann selber verteidigen zu müssen und so den Angriff als beste Verteidigung abspeichern.

Die Selbstschutzaggression wird sehr oft bei Schmerz assoziierten Zuständen gezeigt, und ist mir vom Dönertierchen sehr gut bekannt. Dass Güneş katastrophale Gelenke hatte, wusste ich, nachdem sie mit zehn Monaten das erste Mal am Ellbogen operiert werden musste. Ihre Hüfte zeigte zwar schon immer einen Befund im Röntgenbild, machte ihr allerdings nie Probleme. Bis sie sieben Jahre alt war und vermeintlich aus heiterem Himmel um sich schnappte, wenn man sie hinten berührte oder sich auch nur von hinten annäherte. Ihr Gangbild veränderte sich übrigens nicht, es war einzig die Aggression, die mich wieder an die Hüfte denken und sie erneut einem Spezialisten vorstellen ließ. Wo vorher Hüftgelenke waren, befanden sich nur noch weiße Arthrose-Wolken. Die empfohlenen zwei neuen Hüftgelenke kamen nicht in Frage, das (und mit das sind in diesem Fall zwei große Operationen mit jeweils langer Rekonvaleszenz gemeint) wollte ich so einem Hund keinesfalls zumuten. Denn diese OPs hätten allenfalls die Kasse der Klinik, eventuell Güneş' Hüfte, aber keinesfalls der Psyche dieses Hundes erfreut. Zum Glück machte mich ein Kollege auf die Möglichkeit der Denervation der Hüftgelenke aufmerksam, bei der die sensiblen Nervenfasern zur Hüfte durchtrennt werden und der Hund somit Schmerzfreiheit erlangt. Welch Segen! Beide Seiten können an einem Tag operiert werden, der Hund darf und muss sofort wieder laufen, und es braucht keine langwierige Rekonvaleszenz. In meinen Augen eine durchaus überlegenswerte Alternative für einen älteren Hund. Güneş' Hüfte war bis zu ihrem Lebensende schmerzfrei, und mit dem Tag der Denervation verschwand auch die Schmerz assoziierte Aggression. Wir konnten unsere Reise beruhigt fortsetzen.

Aggression und auch andere Verhaltensänderungen werden beim Hund oft durch Schmerzen oder Erkrankungen hervorgerufen. Krankt der Hund, krankt sein Verhalten.

Abzugrenzen ist Aggression vom Jagdverhalten, auch wenn die Annahme, dass es sich beim Jagen um Aggression handelt, immer noch weitverbreitet ist. Das Jagd- und Beutefangverhalten wird aber von ganz anderen Bereichen des Gehirns gesteuert, und es sind völlig andere Hormone und Botenstoffe an der Auslösung und

der Aufrechterhaltung des Jagdverhaltens beteiligt, als bei der Aggression. Jagen dient der möglichst schnellen Distanzverringerung zum Beuteobjekt, also dem Gegenteil von Aggression, und umfasst als Endhandlung der Jagdsequenz das Packen, Töten und das Zerreißen/Fressen der Beute. Eine Kommunikation mit der Beute findet nicht statt. Wenn Ihr Hund jagt und vielleicht sogar bereits Beute erlegt hat, haben Sie ein Problem, aber keinen aggressiven Hund. Oder hegen Sie Aggressionen gegen die Lasagne auf Ihrem Teller?

Als leidgeplagte Beagle-Bedienstete ist das Thema Jagen bei uns immer präsent – zum Glück sind die Beagles inzwischen präsenter.

Und nun zur Dominanz: Der Begriff der Dominanz beschreibt immer die Beziehung zwischen zwei Individuen und ist somit keine Eigenschaft, sondern eine situative Beziehung. Den dominanten Hund gibt es also nicht, auch wenn viele Hundehalter der Meinung sind, einen zu haben.

Dominanz bedeutet nämlich, dass in einer Beziehung A regelmäßig die Freiheit von B einschränkt bzw. sich selbst ein hohes Maß an Freiheit zugesteht, ohne dass B effektiv etwas dagegen tut, sondern B akzeptiert seine Einschränkungen (Dr. Dorit Feddersen-Petersen. Sie ist Fachtierärztin für Verhaltenskunde, Dozentin am Institut für Haustierkunde der Uni Kiel und führt vergleichende Verhaltensuntersuchungen durch.). Bei meinen Hunden bedeutet das: Meier ist immer A.) Wenn Meier sich auf die Couch legen möchte, ist es ihm schlichtweg egal, ob diese schon besetzt ist, er nimmt sich das Recht und den Platz einfach. Und Piccolo und Andra gehen freiwillig. Aggression ist zur Durchsetzung dieses Privilegs nicht nötig. Aber auch Piccolo ist Andra gegenüber A. Und trotzdem ist Andra ein glücklicher und zufriedener Hund, der sich dann eben einen anderen Liegeplatz sucht.

Aber auch ein Meier ist nur unter meinen Hunden A. Und woanders hat er seinen Meister gefunden. Da er ungerne klein beigibt, wird er zwar nicht zu B und akzeptiert freiwillig Einschränkungen, aber trotzdem gibt es Hunde und Situationen, da kann er sich eben keine Freiheiten nehmen. An dieser Stelle liebe Grüße an den Owtscharka »Faust« ...

Das eben beschriebene Szenario bezieht sich auf die formale Dominanz. Diese Form der Dominanz geht auch mit der sogenannten High Posture einher, einer Körperhaltung, die darauf abzielt, sich groß zu machen. Hund trägt High Heels, der Kopf ist hoch erhoben und die Rute zeigt steil nach oben.

Etwas anderes ist die sogenannte situative Dominanz, die nichts anderes bedeutet als »Hau ab, Du nervst!« und in Form von Abbruchsignalen kommuniziert wird. Diese Form der Dominanz wird von allen Hunden und in jede Richtung gezeigt, auch rangtiefe haben das Recht dazu. So gab es hier zum Beispiel immer wieder Situationen, in denen selbst Andra, die einen Heidenrespekt vor Güneş hatte, und unter normalen Umständen erst mal prophylaktisch tot umgefallen ist, unmissverständlich klar gemacht hat, dass sie jetzt keine Lust auf Rumhopsereien hat oder auch im Moment den Knochen nicht teilen möchte. Und von Güneş wurde das dann ebenfalls akzeptiert.

Unter Hunden herrscht also im Umgang mit der Dominanz, egal ob situativ oder formal, ein viel entspannterer Umgang als bei uns Hundemenschen, denn der Begriff der Dominanz ist in der Hundeszene ein ähnlich rotes Tuch wie eine Schleppleine für einen Beagle. Auf der einen Seite wird ihr alles in den Koffer geschoben und jeder unerzogene oder schlichtweg pubertierende Hund wird als dominant bezeichnet, ebenso wie jede aggressive Handlung. Ich habe oft das

Gefühl, dass die Dominanz sowohl als Entschuldigung herhalten muss (»der ist halt dominant«), als auch, dass der Mensch stolz auf seinen »dominanten Hund« ist (weil es sich dabei ja um einen echten Kerl handelt). Auf der anderen Seite des Grabens stehen Menschen, die die Existenz jeglicher Dominanz komplett leugnen, was genauso falsch ist, weil es natürlich Dominanz unter Hunden gibt.

Das Leben ist eine Bildungsreise – über das Lernverhalten unserer Hunde

Unsere Hunde lernen ein Leben lang, ob wir wollen oder nicht. Zugegebenermaßen habe auch ich ab und zu den Eindruck, dass sie in erster Linie Blödsinn lernen, zumindest ungleich schneller, als die in unseren Augen sinnvollen Dinge ...
Aber wie lernen Hunde überhaupt? Und was ist Lernen?
»Lernen ist die zusammenfassende Bezeichnung für das Erwerben relativ überdauernder Erfahrungen, die Verhalten und Verhaltensmöglichkeiten, Handeln und Handlungsmöglichkeiten verändern« (Eberspächer 1987). Lernen ist ein Prozess, der nicht sichtbar ist. Er dient der Anpassung an eine flexible Umwelt und bewirkt eine Plastizität des Verhaltens. Lernen ist also an die Wahrnehmung und Verarbeitung der Umwelt gekoppelt. Je höher ein Lebewesen entwickelt ist, desto mehr kann Instinktverhalten durch Lernverhalten überlagert werden. Na, das sieht

doch für unsere Haushunde schon mal ganz gut aus! Zumindest für manche von ihnen ...

Grundsätzlich kann man das obligatorische Lernen, das für das Überleben des Individuums lebensnotwendig ist, vom fakultativen, also dem »freiwilligen« Lernen, abgrenzen. Obligatorische Lerninhalte werden von jungen Hunden meist im Rahmen des Spielverhaltens gelernt und auf spezifische Eigenschaften des Lebensraumes abgestimmt. Der Welpe lernt im Spiel mit den Geschwistern wichtige Verhaltensketten zum Beispiel aus dem Jagd- oder Sexualverhalten, sowie das Kleingedruckte der innerartlichen Kommunikation. Das muss er lernen, um unbeschadet durchs Leben zu kommen.

Fakultatives Lernen hingegen ist nicht unbedingt für das Überleben notwendig. Ein Hund kann sehr gut überleben, ohne Sitz, Platz, Fuß, Kunststückchen und anderes »Hundeballett« zu beherrschen.

Die seit Pawlow wohl bekannteste Lernsituation ist die klassische Konditionierung. Der Hund bekam Futter, dieses löste Speichelfluss aus. Danach wurde bei der Futtergabe geläutet, ein zunächst unkonditionierter Reiz. Nach kurzer Zeit reichte das Läuten der Glocke, um beim Hund Speichelfluss auszulösen. Der Glockenton wurde zum konditionierten Reiz und der Speichelfluss wurde zur konditionierten Reaktion.

Meiers zweiter Name ist Pawlow und Glocken sind überflüssig: das Betreten der Küche reicht aus, um Speichelfluss zu provozieren. Leider lassen sich diese Konditionierungsprozesse nicht ein- und ausschalten, sie finden immer statt. Piccolo ist hier wohl exemplarisch für den Großteil aller Hunde, die sich, weil sie bereits schmerzhafte Erfahrungen gemacht haben, beim Anblick des Tierarzttisches fürchten. Anders auch hier die Konditionierung, die bei Meier stattgefunden hat: Meier hat verknüpft, dass ein Tierarzttisch volle Aufmerksamkeit bedeutet und ist beim Öffnen der Türen der Tierarztpraxen der Republik kaum zu bremsen, so schnell thront er auf dem Behandlungstisch und wartet darauf, dass sich gekümmert wird.

Noch problematischer ist eine klassische Konditionierung, wenn sie vom Hund verallgemeinert und auf andere Situationen als die ursprünglich auslösende ausgedehnt wird. So gibt es Hunde, die sich vor allen Tischen fürchten. Oder Hunde, die auf alle Tische springen und auf Beachtung warten. Oder Andra, die viermal von einem Schäferhund gebissen wurde und inzwischen Schäferhunde für das personifizierte Böse hält. Oder Güneş, die die ersten Jahre ja massive Probleme mit dem Autofahren hatte, weil ihre erste Erfahrung mit Autos damals in der Türkei der Weg zum Flughafen war, auf dem ihr übel wurde. Bei ihr reichte es danach jahrelang aus, die Schultern Richtung Parkplatz einzudrehen (das Auto war noch nicht zu sehen), um Erbrechen auszulösen. Gegen Ende der Reise waren die Probleme zum Glück nicht mehr massiv, sondern nur noch ganz normale Probleme, was ich mit bescheidener Dankbarkeit annahm. Die gute Nachricht ist, dass alles, was gelernt wurde, auch wieder verlernt werden kann. Man kann also einem Hund Tische, Schäferhunde und sogar Autos wieder »schmackhaft« machen, indem man sie wieder mit etwas Positivem verknüpft. In der Verhaltenstherapie spricht man dann von einer systematischen Desensibilisierung.

Etwas anderes als die klassische Konditionierung ist die Operante Konditionierung, das Lernen aus Konsequenzen. Hunde lernen ähnlich wie wir Menschen. Wir alle streben nach der Steigerung unseres Wohlbefindens und vermeiden Schmerz und Unbehagen. Wenn eine Verhaltensweise unangenehme Folgen für uns hat, so werden wir sie in Zukunft seltener zeigen. Hat sie jedoch einen angenehmen Effekt, so werden wir sie häufiger zeigen. Das ist das Gesetz der Wirkung und der Grundsatz der operanten oder auch instrumentellen Konditionierung. Hunde bringen sowohl Belohnungen als auch Bestrafungen mit ihrem jeweiligen Verhalten in Verbindung, wenn sie direkt auf das gezeigte Verhalten folgen.

Beginnen wir mit der schönen Seite des Lernens, der positiven Verstärkung, die dazu führt, dass ein Verhalten häufiger auftritt. Wir motivieren den Hund, indem wir ihm etwas Positives zukommen lassen, wenn er etwas tut, was uns gefällt. Etwas Angenehmes wird also hinzugefügt, und je nach Hund kann das ein verbales Lob, ein Streicheln, Futter, ein Lächeln oder auch ein Döner sein. Was angenehm ist, bestimmt der Hund. Der Klassiker hierfür wäre ein Hund, der am Tisch bettelt und Männchen macht und ein Mensch, der ihm dafür etwas von seinem Essen abgibt, weil es so süß aussieht. Das läuft allerdings oft eher unterschwellig und der Mensch ist sich gar nicht bewusst, dass er seinem Hund gerade etwas beibringt.

Anders ist es aber, wenn man seinen Pawlow zum Beispiel während des Essens auf seinen Platz schicken möchte und ihm, kaum dass er dort liegt, ein Leckerchen gibt oder Aufmerksamkeit schenkt. Leider kämpft Mensch auch ständig gegen andere, dem Hund in diesem Moment vielleicht wichtigere Bestätigungen, wie soziale oder auch hormonelle Verstärker an. Wer einen echten Jäger sein Eigen nennt, weiß, dass auch eine Verstärkung in Form eines halben Schweines zur Nichtigkeit wird, wenn auf der anderen Seite der davonrennende Hase lockt.

Bei der negativen Verstärkung soll ein Verhalten ebenfalls häufiger auftreten. Nicht nur der Erhalt von etwas Angenehmen kann ein Verhalten verstärken, sondern auch die Möglichkeit, etwas Unangenehmes loszuwerden. Wenn ein Welpe von seinen Geschwistern entfernt eingeschlafen ist, frierend und einsam erwacht, sucht er die Nähe zu seinen Wurfgeschwistern, legt sich zu ihnen und es wird ihm wieder warm. Wenn ihm das nächste Mal kalt ist oder er sich allein fühlt, wird er sich wieder an seine Geschwister kuscheln. Das Abstellen der (negativen) Kälte und der sozialen Isolation dient dabei als Verstärker.

Die sogenannte positive Bestrafung führt dazu, dass ein Verhalten seltener auftritt.
Eine positive Bestrafung dient dem Erlernen einer Hemmung im Verhalten. Häufig handelt es sich um die Endhandlungen, die gehemmt werden. Ein gutes Beispiel dafür ist das Erlernen der Beißhemmung. Zwei Hunde spielen miteinander und beißen sich dabei spielerisch. Wenn einer der beiden zu stark zubeißt, wird sich der andere durch ein ebenso so starkes Zurückbeißen wehren. Derjenige, der zuerst zu stark zubiss, also Meier, wird lernen, dass das für ihn unangenehme Konsequenzen hat und wird in Zukunft »sanfter« spielen. Piccolo hat in diesem Fall Meiers robustes Auftreten positiv bestraft. Durch diese Lernerfahrung wird er aber keine Furcht vorm Spielen, vor Piccolo oder vor anderen Hunden entwickeln! Ein Meier sowieso nicht, aber das gilt in diesem Fall auch für »normale« Hunde. Das entspannte Kampfspiel geht oft direkt nach der kurzen Auseinandersetzung weiter oder wird später fortgesetzt. Die Bestrafung bezog sich ausschließlich auf das zu starke

Beißen und hemmt dadurch dieses Verhalten. Etwas Unangenehmes wird also hinzugefügt und der Hund kann es mit seinem »Vergehen« in Verbindung bringen. Das nennt man eine positive Bestrafung.

Auch die negative Bestrafung führt dazu, dass ein Verhalten seltener auftritt. Nehmen wir wieder Meier, den Canis grobmotoricus als Beispiel, nur dass diesmal meine Hand das »Opfer« ist. Als Konsequenz auf sein schmerzhaftes Verhalten drehe ich mich um, gehe weg und beende das Spiel. Dadurch entziehe ich ihm das Wichtigste, den für ihn essentiellen Lebenssaft, die Aufmerksamkeit. Diese Bestrafung durch Entzug des Angenehmen nennt man negative Bestrafung.

In beiden Fällen wird das zu grobe Einsetzen der Zähne bestraft und in Zukunft seltener gezeigt werden. Bei der positiven Bestrafung sind es die unangenehmen Konsequenzen, die Meier in Zukunft hemmen werden, nochmals so grob zu spielen, denn Piccolo ist vehement. Bei der negativen Bestrafung hingegen ist es der Verlust des Spielpartners, der in dem Fall gleichbedeutend mit dem Verlust der Aufmerksamkeit ist. Dass Piccolo es schneller geschafft hat, sich Autorität zu verschaffen, muss ich wahrscheinlich nicht extra erwähnen ...

Wichtig ist, dass positiv und negativ in diesem Kontext weder gut noch böse bedeutet! Wie die Beispiele zeigen, gibt es zwei Formen der Verstärkung und zwei der Bestrafung. Die Unterscheidung ist durch die Wörter positiv und negativ gekennzeichnet. Positiv heißt in diesem Zusammenhang einfach nur, dass einem Verhalten ein Reiz folgt; die Bezeichnung negativ bedeutet hingegen, dass ein Reiz entfernt, weggenommen oder ganz vermieden wird, wenn sich ein bestimmtes Verhalten zeigt. Daraus ergeben sich sowohl die positive und negative Verstärkung, als auch die positive und negative Bestrafung.

Falsches Timing und Handlungsketten – ich handle, also bekomme ich.

Eine Falle bei der positiven Verstärkung sind Handlungsketten, die unbeabsichtigt durch falsches Timing entstehen. Warum kommt mir da nur sofort wieder der Meierling in den Sinn? Wahrscheinlich, weil seine Gabe von unglaublich schnellen Verknüpfungen genau dann besonders zum Vorschein kommt, wenn es eigentlich nicht beabsichtigt ist, zumindest nicht von mir. So reichte es beispielsweise aus, ihn einmal bellend auf dem Weg zum Gartenzaun zurückzurufen, was angesichts der Tatsache, dass ich gerade frühstückend auf der Terrasse saß, ein Leichtes war. Natürlich bekam er als Belohnung sofort mein halbes Frühstücksei. Die Folge war, dass Meier danach wochenlang bellend zum Zaun raste, allerdings immer mit dem Bick nach hinten zu mir, und der Blick sagte dabei deutlich »na los, ruf schon, ich will ein Ei!«. Auch dass er, so rennend, mehrmals mit Dingen, die im Weg standen, kollidierte, konnte die Konditionierung nicht löschen. Auch dass dieses Verhalten danach nie mehr zu einem Ei führte, war egal. Es führte nur dazu, dass der Beagle nur noch halb so schnell, dafür aber doppelt so laut rannte und bellte. Erst als eines der Dinge, die im Weg lagen, das Dönertierchen war, das sich mit der positiven Bestrafung, also dem Hinzufügen von etwas Unangenehmen, wie zum Beispiel Zähnen, ziemlich gut auskannte, war der Spuk schlagartig vorbei.

Konditionierte Handlungsketten kann man auch sehr oft bei Hunden beobachten, die immer wieder weiter weglaufen, um danach zurückgerufen und belohnt zu werden. Subjektiv gesehen trainiert der Mensch zwar den Rückruf, der Hund lernt aber nebenbei etwas ganz anderes, nämlich dass es sich lohnt, sich zu entfernen. Eigentlich wäre es sinnvoller, dem Hund Futter zu geben,

wenn er bei einem bleibt und ihn nicht für das Weglaufen oder Bellen zu belohnen.

Auch latentes Lernen findet bei unseren Hunden statt, und das ganz ohne erkennbaren Grund und ohne Motivation, also ohne Verstärker. Es stimmt also nicht, dass Hunde ausschließlich durch Konditionierungsprozesse lernen. Jede Erfahrung und jeder Eindruck, die keine unmittelbaren Konsequenzen haben, werden dennoch verarbeitet und gespeichert und können im Bedarfsfall eine Veränderung im Verhalten bewirken. Zunächst bleibt das latente Lernen unbemerkt, kommt es jedoch dann zu einer bewussten Verstärkung dieses Lernens, wird der Lernfortschritt deutlich sichtbar. Latentes Lernen findet zum Beispiel dann statt, wenn ein satter Beagle (ja, das gibt es Gerüchten zufolge) alleine auf Reisen ist, um die Sommerfrische zu genießen. Es fehlt ihm die Motivation, sich die Gegend einzuprägen, der Weg ist das Ziel. Wenn er aber das nächste Mal hungrig unterwegs ist, der Antrieb also der Hunger ist, wird er den Komposthaufen am Wegesrand trotzdem sofort wiederfinden. Das latente Lernen ermöglicht es Hunden, sich erfahrungsbedingt im Alltag zurechtzufinden.

Außerdem gibt es kinästhetisches oder auch motorische Lernen. Das motorische Lernen bezieht sich auf die Aneignung von Verhaltensweisen, Handlungen und Fertigkeiten, die sich vor allem auf die motorische Leistung des Körpers beziehen. Es handelt sich dabei um ein Lernen durch Bewegungswahrnehmung bzw. das Lernen von Bewegungsabläufen. Ein früher oft eingesetzter Klassiker dieser Lernform ist beim Hund das Beibringen des Kommandos »Sitz« durch das Herunterdrücken des Hinterns des Hundes, während man das Kommando gibt. Nach einigen Durchgängen wird der Hund das Wort »Sitz« mit der zunächst passiv ausgeführten Bewegung nach unten assoziieren und wird diese dann nach kurzer Zeit aktiv ausführen, wenn er das Kommando hört. Ähnliches passiert, wenn man zum Erlernen von »Platz« den Hund unter das ausgestreckte Bein lockt, wo er dann liegen muss.
Motorisches Lernen umfasst alle Prozesse des Erwerbs, Erhalts und der Veränderung von primär motorischen, aber auch sensorischen und kognitiven Strukturen. Ziel ist die Verbesserung jeglicher Bewegungskoordination. Die Verbesserung der Koordination ist somit auf Veränderungsprozesse im Zentral-Nerven-System zurückzuführen. Im Kleinhirn werden sozusagen Bewegungsschablonen erstellt, die der Koordination von Körperbewegungen dienen.

Eine wichtige Rolle spielt das Lernen durch Nachahmung, auch »Lernen am Modell« genannt. Diese Form des Lernens ist an das Beobachten von Vorbildern/Modellen geknüpft. Da Hunde soziale Lebewesen sind, lernen sie auch in sozialen Kontexten. Diese sozial-kognitive Theorie setzt bei einem Lernprozess an, den ein Mensch oder ein Hund auf Grund von Beobachtung von Verhaltensweisen anderer Menschen/Hunde und der dazugehörenden Konsequenzen erfährt. Beim »Lernen am Modell« identifiziert sich der beobachtende Hund mit dem zu beobachtenden Modell. Durch diese Identifikation und Beobachtung wird der Beobachter beeinflusst. Die Beeinflussung umfasst sowohl das gesehene Verhalten als auch die aus dem Verhalten entstandenen Konsequenzen. Bewertet der Beobachter die entstandenen Konsequenzen als positiv, wird er sie nachahmen. Bewertet er die gesehenen Konsequenzen als negativ, wird er sie nicht nachahmen. Hunde, die zum Beispiel beobachten, dass mit einem Menschen nicht gut Kirschen

essen ist, weil er keine Hunde mag, werden bei einer Begegnung mit diesem Menschen vorsichtiger sein bzw. sie vermeiden, wenn sie vorher die Konsequenzen dieser Begegnung bei einem Artgenossen beobachtet haben. Ein Meier, der beobachtet, dass Piccolo eine Belohnung bekommt, wenn er sich auf das Kommando »Peng!« auf die Seite schmeißt, wird sich irgendwann auch erwartungsvoll tot stellen.

Besonders junge Tiere, also Tiere, die die soziale Umwelt noch nicht in ihrer Gänze kennen, profitieren vom sozialen Lernen. Sie lernen im Sozialverband Gefahren kennen, ohne sich selbst zu gefährden. Sie bekommen so Informationen über Ressourcen und Feinde von ihren Sozialpartnern und Familienmitgliedern präsentiert. Das Lernen erfolgt schneller als durch eigenes Ausprobieren und ist wesentlich ungefährlicher. Um noch einmal auf die Schäferhunde vom Anfang dieses Kapitels zurückzukommen: Was bei Andra als schlichte klassische Konditionierung begann, führte bei allen anderen dazu, dass durch Beobachtung gelernt wurde, dass Angriff beim Anblick eines Schäferhundes wirklich die beste

Verteidigung ist und am besten unmittelbar, lautstark und kompromisslos erfolgen muss ...

Damit ein Hund durch Beobachtung lernen kann, sind verschiedene Voraussetzungen wichtig: Das Gesehene kann nur wahrgenommen werden, wenn das Individuum aufmerksam ist. Um ein Verhalten nachzuahmen, müssen bestimmte Gedächtnisleistungen ablaufen, damit das Verhalten auch erinnert wird, um später in Form einer konkreten Handlung gezeigt werden zu können. Es muss aber auch einen Anlass geben, damit das beobachtete Verhalten tatsächlich gezeigt wird, hieran sind also bestimmte Motivations- und Verstärkungsprozesse beteiligt. Falls Sie sich noch an den im ersten Kapitel geschilderten »Kampf« um Piccolos kleine Katzenkorb-Kugel erinnern und seine grandiose Idee, den Beagle durch das Scheppern des Napfes aus dieser zu vertreiben: auch das ist ein sehr schönes Beispiel für das Beobachtungslernen des kleinen Chihuahuas mit der großen Aufmerk-

samkeit. Ähnlich natürlich die Beobachtung oder Erfahrung, dass die anderen Hunde sich nicht zweimal bitten lassen, kläffend mit zum Gartenzaun zu rennen, und dieses Wissen dann ganz gezielt in anderen Situationen einzusetzen, wenn es zum Beispiel darum geht, den Mithund von seinem noch gefüllten Futternapf wegzulocken. Die Grundlage solcher Täuschungsmanöver ist das Beobachtungslernen. Sehr schön ist in diesem Zusammenhang aber auch, dass diese Täuschungsmanöver durch genaue Beobachtung und Kenntnis der Situation zunichte gemacht werden können. Als Meier relativ neu zu unserer Reisegruppe gestoßen ist, hatte nämlich auch er den grandiosen Einfall, das Dönertierchen kläffend von ihrem Napf weg zu locken. Mit dem Schalk der Welt im Nacken und sich besonders schlau fühlend, rannte er also lautstark in den Garten, und als Güneş tatsächlich mitmachte und -rannte, dreht er sich sofort um, um zum Napf zu rennen – um dort festzustellen, dass Andra und Piccolo, denen dieser alte

Taschenspielertrick ja schon längst bekannt war, gerade genüsslich die letzten Rest aus dem Napf schleckten ... Dumm gelaufen bzw. umsonst gerannt!
Das Lernen am Model ist Segen und Fluch zugleich, wie jeder Mehrhundehalter bestätigen kann. Wenn man Glück hat, orientiert sich der Hund nur so weit an seinen Mithunden, dass er lernt, dass es ein Tabu ist, auf den Tisch zu springen. Wenn man Pech hat, wird sofort die Wichtigkeit der Gefahrenabwehr beim Eintreffen des Postboten gelernt. Warum allerdings die Vertreibung von Postboten ungleich schneller durch Nachahmung erlernt wird, als das Betreten von Tischen und Arbeitsflächen, konnte noch nicht abschließend geklärt werden ...

Natürlich kann auch der Mensch als Model fungieren. Je häufiger ein Hund erfahren hat, dass sein Mensch ihm die Lösung eines Problems zeigen kann, der Hund sich also auf die Kenntnisse seines Menschen verlassen kann, desto größer ist die Wahrscheinlichkeit, dass der Hund diesem Verhalten Aufmerksamkeit schenkt und es imitiert. Allerdings gibt es hierbei nicht nur große individuelle, sondern auch rassetypische Unterschiede. So fordern z.B. Border Collies, die auf eine gute Kooperation mit dem Menschen selektiert wurden, schneller Hilfe beim Lösen von Problemen bei ihrem Menschen an, als es zum Beispiel Beagles tun, die auf »selbst und ständig« selektiert wurden. Während Ersterer beim Lösen eines Intelligenzspieles in den meisten Fällen sehr schnell nachfragen und sich die Lösung zeigen lassen wird, wird Letzterer eher das gesamte Spielzeug fressen, um an das Leckerchen darin zu kommen, als sich »die Blöße des Nachfragens« zu geben oder seine Aufmerksamkeit von dem spannenden Spiel und vor allem dem darin versteckten Happen wegzulenken.

Eine Voraussetzung für die Fähigkeit zum Nachahmungslernen sind die Spiegelneurone. Diese Nervenzellen sind unter anderem dazu da, das Gegenüber zu imitieren und Empathie zu empfinden. Das Phänomen der Stimmungsübertragung, also der Spiegelung von Stimmungen vom Menschen auf den Hund (aber auch andersrum!), kennen wir alle, von Andras Fähigkeiten als »SBeagle« habe ich zu Beginn des Buches bereits berichtet.
Aber auch das Imitieren von Handlungen können wir an unseren Hunden beobachten: Gähnen Sie Ihren Hund einmal an, ich bin mir ziemlich sicher, dass er mitmachen wird! Mein kleiner Hatschihuahua niest sogar gelegentlich mit, wenn ich Schnupfen habe.

Was beim Gähnen funktioniert, funktioniert natürlich auch bei komplexeren Handlungen. Aus der Fähigkeit zum Nachahmungslernen bei unseren Hunden, hat sich sogar eine eigene Trainingsmethode entwickelt: »Do as I do.« Das Kommando »Do it« hilft dem Hund dabei, sich auf die vorgemachte Handlung zu konzentrieren. Hunde, die auf diese Art trainiert wurden, ahmten ihnen bislang unbekannte Aktionen mit einer hohen Trefferquote zuverlässig nach. Auch das ist nur dank der Existenz von Spiegelneuronen möglich.

Unsere Hunde haben also, wie auch wir Menschen, verschiedene Möglichkeiten, Dinge zu lernen. Manche schneller, manche weniger schnell. Manche erscheinen uns sinnvoll, der Sinn von anderen erschließt sich offenbar nur Beagles. Aber schade ist es, wenn wir uns nur auf eine der Lernformen stürzen und die anderen vernachlässigen. Oft macht's die Mischung! Wenn wir das ganze Spektrum nutzen, machen wir es unserem Hund und uns einfacher.

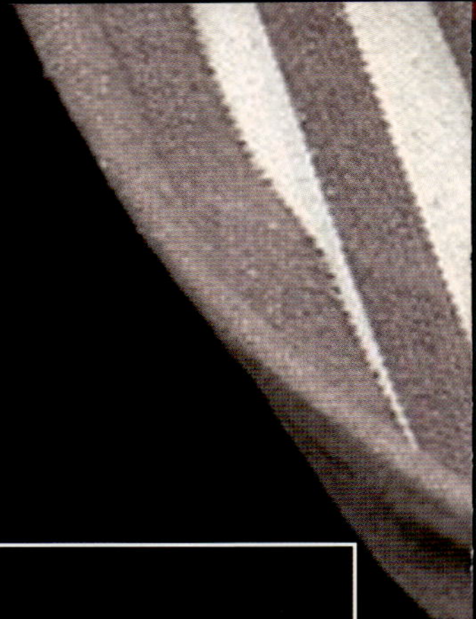

Das Animationsprogramm

Hunde wollen keinen Cluburlaub!

7

»Das Nichtstun ist die schönste Beschäftigung, wenn man nicht dazu verurteilt wird.« (Ernst Reinhardt)

Zunächst einmal: Wer die Lebensreise mit seinem Hund antritt, sollte ausreichend Pausen einplanen. Weniger ist mehr, und der Weg ist das Ziel. Beim täglichen Animationsprogramm für den Reisegefährten kann man sich am Vorbild der Natur orientieren. Ein Hund schläft normalerweise 50 % des Tages. Die anderen 50 % sind aber keinesfalls mit Action gefüllt, sondern werden zum Großteil mit dösen und schlafen verbracht. Das Sozialverhalten nimmt etwa sechs Stunden pro Tag ein, 15 % der Tages werden dem Nahrungserwerb gewidmet. Leider vergessen das aber viele über die Angst, ihrem Hund nicht gerecht zu werden und ihn womöglich zu wenig auszulasten. Während noch

vor nicht allzu langer Zeit die meisten Hunde eher unterfordert waren, dreht sich das jetzt oft ins Gegenteil und artet in Stress für Hund und Halter aus. Dann hat so ein Hund schnell ein Tagespensum erreicht, das ihn überfordert, und das ihm keine Zeit mehr für die so wichtigen Ruhephasen ermöglicht. Das Resultat sind dann nicht selten völlig überdrehte Hunde, die gar nicht mehr in der Lage sind, zu entspannen. Wie immer macht es hier die Mischung!

Auch ich habe dazugelernt. Als ich vor über 14 Jahren mein Dönertierchen bekommen habe, war ich der Meinung, dass sie täglich bei Wind und Wetter mit mir mindestens vier Stunden an der Isar unterwegs sein muss. Davon, dass weder Wind und Wetter, noch das Unterwegs-Sein ihr Ding waren, habe ich mich nicht beirren lassen. Ich wollte ja keine schlechte Hundehalterin sein. Als das Beaglechen dazu kam, artete das Ganze dann so richtig aus, denn dass man einen Beagle, damit er nicht jagen geht, auf jeden Fall auslasten muss, wurde mir ständig und ungefragt von allen Seiten erzählt. Also war ich mit beiden weiterhin täglich drei bis vier Stunden draußen unterwegs, und habe dann zusätzlich mit Andra ein wahres Animationsprogramm durchgezogen: Agility, Begleithundetraining, Clickertraining, Tricktraining, Dummytraining, Fährten, Rettungshundearbeit. Eben alles, was die Hunde-Bespaßungs-Industrie auf den Markt wirft. Und das Futter wurde natürlich zusätzlich erarbeitet. Mit Hund Nummer drei war das irgendwann nicht mehr zu stemmen, die Zeit wurde knapp, die Tage waren einfach zu kurz. Mein schlechtes Gewissen meinen Hunden gegenüber brachte uns kurz vor den Burn-out, der Spaß am Hund und an der Arbeit mit diesem blieb auf der Strecke. Wer Pausen macht, hat mehr vom Reisen! Und wer mit Spaß und Freude und nicht aus einem Zwang oder schlechten Gewissen heraus agiert, sorgt dafür, dass auf der Reise genug Zeit bleibt, sich auch mal links und rechts von der Strecke umzuschauen und die Reise zu genießen. Das heißt natürlich nicht, dass Hunde keine Beschäftigung wollen und brauchen! Jeder Hund hat ein Hobby, man muss es nur finden. Das Hobby meiner Hunde ist das »Hund-Sein«. Und hier stehen speziell die Disziplinen »wer buddelt das tiefste Mauseloch?« und »wer schafft es, sich in noch stinkenderem Aas zu wälzen als Andra?« hoch im Kurs, dazu die Unterdisziplin »verteile es möglichst großzügig auf Deinem ganzen Körper und arbeite es tief ein«. Wenn ich die Zeit habe, klickere ich hier ein wenig, lege dort ein Fährte, verstecke Leckerlis oder wir gehen joggen. Wenn nicht, dann nicht. Und wir haben Spaß! Meine Hunde sind ausgelastet und zufrieden, und ich bin es auch. Das einzige »Training«, das meine Hunde machen, ist meiner großen Leidenschaft geschuldet: Sie sind die perfekten Fotomodels

Schäferhund sucht
Gleichgesinnten für einen Aufenthalt im Bootcamp. Der Drill Instructor wartet auf uns! Du hasst es, im Urlaub auf der faulen Haut zu liegen, sondern ziehst stattdessen einen straff organisierten Tagesablauf vor? Struktur und Arbeit statt Seele baumeln lassen?
Dann melde Dich unter Chiffre »Dienstausweis« bei mir!

mit allem, was ein Hund dazu können muss: Sie lassen sich überall hin-, rauf- und runterschicken, bleiben in jeder denkbaren (und manchmal sogar undenkbaren) Situation und Position, bringen und halten verschiedene Gegenstände, und manchmal habe ich das Gefühl, dass sie dabei ganz gezielt in die Kamera lächeln – das Gesicht natürlich immer der Sonne zugewandt!

Sie sind ruhiger als früher, fordern nicht mehr so viel ein. Und es gibt Regentage, da mutiere ich zu einem jener Hundehalter, die ich früher verachtet habe: einem, der sich das grausige Wetter lieber mit den Hunden von drinnen von der Couch aus anschaut. Meinen Hunden kommt das sehr entgegen, mir auch. Natürlich haben sie trotzdem den ganzen Tag etwas zu tun: wir pflegen unsere Sozialkontakte (sie haben ja das Glück, fast nie alleine, sondern immer bei mir zu sein), kuscheln ausgiebig, sie sind die perfekten Büro-, Autorinnen-, Fotobearbeitungs- und Küchenbegleithunde, sie spielen, sie entspannen und sie genießen das Leben. Die Work-Life-Balance passt. Echte Luxusköter eben.

Aber natürlich spricht nichts dagegen, sich mit Ihrem Hund dem Hundesport zu widmen, solange es Ihnen und Ihrem Hund Spaß macht und nicht der Ehrgeiz an erster Stelle steht! Manche Hunde haben Spaß an Agility, andere sind glücklich, wenn sie ihre Nase einsetzen dürfen. Manche Menschen bewegen sich gerne, andere mögen es lieber etwas ruhiger. Es gibt so viele Möglichkeiten, sich mit dem Hund zu beschäftigen, dass sicherlich für jeden etwas dabei ist. Aber das schönste ist und bleibt die tägliche große Runde.

Früher mussten meine Hunde hart für ihr Gehalt arbeiten, heute plädiere ich für das bedingungslose Grundeinkommen. Stellen Sie sich einmal vor, Sie wissen nie, wann es das nächste mal was zwischen die Zähne gibt? Eine blöde Vorstellung, die Sie in Stress versetzt? So geht es Hunden, die ausschließlich gegen Kooperation und Arbeit Fressen bekommen. Eine Zeit lang bin ich auch auf diesen Zug aufgesprungen, weil ich mir habe einreden lassen, dass die Handfütterung gegen das Jagen hilft und die Bindung stärkt. Inzwischen weiß ich, dass dem nicht so ist. Und nicht nur das, es ist auch absolut unbiologisch für einen Caniden, vor allem für einen jungen, auch wenn diese Philosophie immer genau mit dem Gegenteil argumentiert. Selbst im Fernsehen verkaufen verschiedene »Entertrainer« diese

Methode, ohne sich die Biologie von Hunden bzw. Wölfen anzuschauen. Es wird bei weitem nicht, wie behauptet, nur im Rudel gejagt, und auch ohne Kooperation verhungert ein Wolf so schnell nicht. Sonst gäbe es vermutlich keine Wölfe mehr. Ganz im Gegenteil: Gerade Jungtiere werden versorgt und durchgefüttert. Bei der Jagd stören die Schnösel eher, als dass sie sich nützlich machen, und trotzdem bekommen sie ihren Teil vom Braten ab. Und Wölfe jagen entgegen der immer noch gängigen Meinung nicht ausschließlich im Rudel, sondern ernähren sich hauptsächlich von Kleintieren wie zum Beispiel Mäusen oder Kaninchen, weil das weniger Einsatz erfordert und ungefährlicher ist. Das Rudel ist in erster Linie für die Sicherung des Territoriums da. Und wenn es nicht anders geht, wird auch mal gemeinsam ein großes Beutetier gejagt.

Auch bei Hunden plädiere ich dafür, den Erhaltungsbedarf, also ca. die Hälfte der Ration ohne die Einforderung einer Gegenleistung frei zur Verfügung zu stellen. Gegen Leckerchen unterwegs ist natürlich trotzdem nichts einzuwenden – wenn meine Hunde sich von einem Reh abrufen lassen, gibt es hier auch »all you can eat«. Der Umkehrschluss, dass sie sich, wenn sie nur genug Hunger haben, eher abrufen lassen, ist hingegen ein Wunschdenken. Das wird bei keinem echten Jäger funktionieren. Wenn die »Fährte aller Fährten« unseren Weg kreuzt, kann ich auch mit einem halben Schwein winken, es interessiert sie nicht. Jagen ist zu selbstbelohnend für Hunde, da kann Futter nicht mithalten. Und Futter zur Stärkung der Bindung? Eine Futterhand ist beliebig austauschbar.

Trotzdem setze ich Futter auch zur Beschäftigung ein: Die Ration gibt es nur selten aus dem Napf, meist verstreue ich das Futter im Garten und lasse die Hunde suchen. Das freut die Beaglenasen und macht auch satt.

Reiseleiter gesucht? Woran erkenne ich eine gute Hundeschule?

Bei einer Reise in fremde Länder gilt es, sich den dortigen Gepflogenheiten anzupassen und sich adäquat zu benehmen, um das friedliche Miteinander zu gewährleisten. Dasselbe gilt für unsere Hunde, die sich in unsere menschliche Gesellschaft einfügen müssen. Dazu gehören auf jeden Fall Benimmregeln für Hunde und ihre Menschen. Das erleichtert das Zusammenleben mit dem nicht Hunde haltenden Teil der Bevölkerung enorm, und auch das Reisen mit dem eigenen Vierbeiner wird einfacher. Grenzen und Regeln bedeuten Freiheit!

Wer Erfahrung mit Hunden hat, kann sicherlich selbst vieles seinem Vierbeiner beibringen. Ansonsten empfiehlt sich der Besuch einer guten Hundeschule, der im Optimalfall ja auch Spaß macht. Aber wie findet man diese »gute Hundeschule«?

Das ist einfacher gesagt als getan. Einmal kurz Google gefragt und Sie finden eine Vielzahl von Hundetrainern, Kynopädagogen, Hundepsychologen, Hundetherapeuten, Hundeausbildern, Problemhundetrainern, Hundeverstehern, Hundeflüsterern, Tierkommunikatoren und vielem mehr. Bereits dieser Einblick in die verschiedenen Berufsbezeichnungen zeigt, dass es sich beim Hundetrainer, Kynopädagogen, ... um keinen geschützten Beruf handelt, und so bisher jeder nach eigenem Gutdünken sein eigenes (Pansen-) Süppchen kochen kann. Die Spannweite der auf den verschiedenen Websites zu findenden Qualifikationen reicht von »bereits mein Großvater hatte einen Hund« oder »ich habe meinem Australian Shepherd erfolgreich Sitz und Platz beigebracht« bis hin zu zum Teil sehr anspruchsvollen Ausbildungen und der regelmäßigen Teilnahme an fachspezifischen Fort- und Weiterbildungen. Einige propagieren die sogenannte gewaltfreie Erziehung, die ausschließlich mit

positiver Bestärkung des Hundeverhaltens arbeitet, andere sind methodisch der Meinung, einen Hund zu begrenzen und unerwünschtes Verhalten dem Vierbeiner auch körpersprachlich zu verdeutlichen. Einige arbeiten völlig ohne Hilfsmittel, andere verwenden Clicker, Halti und Co. Tierkommunikatoren versprechen Ihnen, mit Ihrem Hund »sprechen« zu können und seine Gedanken zu lesen. Und dann gibt es noch die aus Funk und Fernsehen bekannten Trainer mit den bekanntesten Subspezies Hundeflüsterer mexicanus und Dertutnix entertrainus. Natürlich ist es möglich, im Fernsehen die Trainingsarbeit mit einem verhaltensauffälligen Hund darzustellen, und auch haben Sendungen, die sich mit

dem Thema Hund und seinem Verhalten beschäftigen, eine Vielzahl von Hundebesitzern motiviert, sich mehr als bisher mit dem Verhalten ihres Vierbeiners auseinanderzusetzen. Allerdings besteht die Problematik, dass in der Regel, aufgrund der zeitlichen Einschränkung von Filmberichten und den stark zusammengeschnittenen Sequenzen, immer nur Momentaufnahmen gezeigt werden können – das ganze Davor und Danach und vor allem, das oft langwierige Dazwischen wird nicht gezeigt. Außerdem besteht die Gefahr, dass der unreflektierte Zuschauer, nicht aus bösem Willen, sondern aus Unkenntnis heraus, Trainingsmethoden übernimmt, die vielleicht zu dem im Fernsehen gezeigten Hund und seinem Menschen passten, aber eben nur zu ihnen und nicht zum eigenen Hund – selbst wenn die gleiche Verhaltensproblematik vorliegt.

In der Rassebeschreibung eines Hundetrainers sollten sich meines Erachtens nach folgende Eigenschaften finden: Sehr menschenbezogen, mit Hunden verträglich, kommunikativ, empathisch, individuell bei der Auswahl seiner »Methoden«, fühlt sich eher in kleinen Meuten wohl, arbeitet gerne und bildet sich regelmäßig fort. Denn alle Intuition der Welt wird an ihre Grenzen stoßen, wenn das Fachwissen fehlt. Und er sollte für das, was er tut, brennen! Stellen Sie sich eine Stadtführung vor, bei der der Reiseleiter Ihnen nichts über die Bauwerke erzählen kann, obwohl er aus dem Bauch heraus eine schöne und passende Runde für die Truppe auswählt, für das, was er tut, brennt, Ihnen aber keinerlei Infos über die Stadt liefern kann. Das Ganze gilt aber auch andersrum: Eine Stadtführung wird schnell ihren Reiz verlieren, wenn der Stadtführer zwar alle Daten zur Sixtinischen Kapelle aus dem Effeff runterbeten kann, ihm aber das »Händchen« zur Vermittlung dieses Wissens oder die Empathie

Checkliste für eine gute Hundeschule

1. Der Hundetrainer mag Menschen!
2. Eine gute Hundeschule bietet eine Probestunde an und wird Sie nie, ohne Sie und Ihren Hund kennengelernt zu haben, zu einem ganzen Kurs überreden.
3. Vor dem Training führt der Hundetrainer ein ausführliches Beratungsgespräch mit Ihnen.
4. Der Hundetrainer verfügt über eine nachweisbare Ausbildung/Fortbildungen. Ein Hinweis auf jahrelange Erfahrung reicht nicht aus. Man kann Dinge auch jahrelang falsch machen.
5. Die Hundegruppen sind nicht zu groß. Ideal sind maximal sechs Mensch-Hunde-Teams.
6. Rassetypische Eigenschaften und Ihre eigenen Fähigkeiten werden beim Training berücksichtigt.
7. Hunde mit Verhaltensproblemen werden zunächst individuell und nicht in einer Gruppe betreut.
8. Der Hundetrainer kann jederzeit erklären, warum er etwas tut.
9. Die Hundeschule bietet nicht »die Methode« zum Umgang mit Hunden an.
10. Das Hundetraining findet nicht nur auf dem Hundeplatz statt.

im Umgang mit Ihnen fehlt, und er Sie mit seiner Leidenschaft und seinem Wissen nicht fesseln und begeistern kann. Analog dazu, werden Sie sich vermutlich bei einem Hundetrainer, der eine Koryphäe der Kynologie ist, aber mit Menschen nicht kann, nicht wohlfühlen, und wenn Sie sich nicht wohlfühlen, dann lernen Sie auch nichts. Sie können sich aber bei einem anderen Hundetrainer noch so wohl fühlen und Spaß haben, wenn ihm aber das nötige Fachwissen fehlt, kommen Sie nicht weiter. Sie sehen, die Messlatte liegt hoch.

Ich wünsche Ihnen viel Glück bei der Suche nach der für Sie passenden Hundeschule! Geben Sie nicht gleich auf, auch wenn es nicht auf Anhieb die für Sie passende Hundeschule ist. Die Suche lohnt sich, denn eine gute Reise hängt unter anderem auch von den Kenntnissen des Guides ab. Auch ich hatte eine lange Reise durch die Hundeschulen in meinem Umfeld hinter mir, bis ich endlich die passende gefunden hatte. Dieser Hundeschule bin ich bis heute sehr dankbar, dass sie die Probleme meiner Hunde (und meine eigenen) erkannt und mir mit wertvollen Tipps wei-

tergeholfen hat und mir fernab von ausgetretenen Pfaden sehr individuell das Reisen mit meinen Hunden erleichterte. Denn davor irrte auch ich mit meinem Dönertierchen durch die Lande und bekam als unerfahrener Hundehalter aus heutiger Sicht fell- und haarsträubende Ratschläge, angefangen bei einem relativ harmlosen »den Hund kann man nicht ändern, den müssen Sie abgeben« bis hin zu einer Liste mit pauschalen, sogenannten »Dominanzregeln«, die ich mir an den Kühlschrank heften sollte, um sie auch wirklich zu verinnerlichen. Dort hingen sie auch eine Zeit lang, aber zum Glück sagte mir damals schon recht schnell mein gesunder Menschenverstand, dass das nicht der richtige Weg im Umgang mit einem zutiefst traumatisierten Hund sein kann. Warum soll ich einen Hund, der endlich anfängt, Vertrauen zu zeigen und meine Nähe auf der Couch zu suchen, von dieser verbannen? Warum soll ich einen Keks essen, bevor ich dem Hund seinen Napf hinstelle, obwohl ich doch nur froh bin, wenn mein anorektischer Hund ein paar Bröckelchen Futter zu sich nimmt? Wie soll ich meinen Status dadurch festigen, vor dem Hund durch die Türe zu gehen, wenn dieser sich sowieso monatelang weigert, seine sichere Wohnung zu verlassen? Und warum soll ich ständig darauf bestehen, dass der tief schlafende Hund mit völlig kaputten Gelenken aufsteht und mir Platz macht, obwohl er dabei Schmerzen erleidet und ich eigentlich sehr froh bin, dass er mir inzwischen vertraut und nicht jedes Mal hysterisch aufspringt, wenn ich in seine Nähe komme? Natürlich braucht ein solcher Hund klare Regeln und Strukturen, die ihm Sicherheit geben, aber bitte auf der Basis verhaltensbiologischer Erkenntnisse, und nicht durch pauschale und schlichtweg falsche, an den Kühlschrank geheftete Kochanleitungen.

Bei meiner Odyssee durch die Hundeschulen Münchens bekam ich zum Beispiel auch einen weiteren, angeblich gewaltfreien und sehr modernen Tipp: Ich solle die Ängste des Hundes (die ja angeblich ein Fehlverhalten sind!) ignorieren. Was heißt Angst? Im Falle meines Dönertieres war es damals die pure Panik. Schon ein Chihuahua in einem Kilometer Entfernung reichte aus, um sie schreiend, zitternd, mit schneeweißen Schleimhäuten und dem Schock nahe in der Schleppleine hängen zu lassen, während ich auf der Leine stand, den Hund seinem Schicksal überließ und Wolken zählte, um ja nicht auf die Ängste einzugehen und diese zu bestärken. Glücklicherweise war mir schnell klar, dass das nicht zielführend sein kann.
Inzwischen weiß ich, dass Gefahrenabwehr Leittiersache ist, und versuche stets für meine Hunde ein verlässlicher Partner zu sein. Inzwischen zählen meine Hunde entspannt Wolken, während ich versuche, brenzlige Situationen zu regeln. Na ja, Güneş zählte keine Wolken, sondern behielt den Himmel im Auge, aber ich hatte und habe weit mehr Erfolg, indem ich mich vor meine Hunde stelle, als durch das Kekse-Essen vor meinen Hunden! Fremden Hunden gegenüber blieb sie übrigens ihr ganzes Leben lang misstrauisch, aber sie hatte mit den Jahren gelernt, dass sie sich auf mich verlassen kann. Und ich habe gelernt, auch im Umgang mit meinen Hunden bzw. Hundeschulen auf meinen Bauch zu hören. Wenn mir etwas nicht passt, mache ich es wie die Beagles: ich gehe im Zweifelsfall.

Apropos pauschale Kochrezepte, ich wollte Ihnen ja noch mein neustes Geschäftsmodell ans Herz legen ...

SENSATION!

Die Eigentlich®-Methode

Haben Sie es schon gehört? Es gibt die neue Methode zur Erziehung von Hunden. Von ahnungshabenden Hundeexperten entwickelt, in der Praxis erprobt, eigentlich® für jeden Hund und jeden Halter geeignet. Die Eigentlich®-Methode – natürlich mit eingetragenem Markenschutz und dem »®«, das Qualität verspricht, wo eigentlich® keine ist.

Sie haben einen Hund, der eigentlich® perfekt ist und eigentlich® keine Probleme macht?
Der eigentlich® weder Artgenossen, noch Menschen, noch die neue Ledercouch kaputt macht, und eigentlich® auch keiner Fliege was zu Leide tut (okay, Hasen, Menschen, Couches und Hunde sind ja eigentlich® auch keine Fliegen, oder?)? Und eigentlich® tut es ja auch überhaupt nicht weh, wenn er Ihnen den Unterarm löchert?
Sie nennen einen Hund Ihr Eigen, der eigentlich® niemals nicht an der Leine zieht, es sei denn er sieht/riecht/hört gerade Artgenossen/Menschen/Katzen/Hasen/Bälle/Wasser (hier können Sie eigentlich® beliebig ergänzen, denn wie bereits erwähnt, funktioniert die Eigentlich®-Methode eigentlich® überall!).
Sie können Ihren Hund eigentlich® überall hin mitnehmen, und er kann sich eigentlich® auch benehmen?
Eigentlich® sind ihm Hasen egal, eigentlich® tut er nichts, sondern will nur spielen, und eigent-

lich® hat er XXX noch nie gemacht? Setzen Sie bei XXX einfach Katastrophen jeglicher Art nach Gutdünken ein, unsere Methode funktioniert eigentlich® bei allem, und wenn nicht, ist es ja eigentlich® auch egal!

Und nun zu Ihnen:

Eigentlich® wollen Sie mit Ihrem Hund rein positiv umgehen, weil er ja eigentlich® ein ganz Netter ist?

Eigentlich® finden Sie, dass auch Ignoranz eine ganz nette Art ist, mit dem Hund umzugehen?

Eigentlich® wollen Sie nur mit Watte um sich werfen, tun das eigentlich® auch, aber manchmal geht Ihnen der Gaul durch? (Moment! Für Pferde haben wir eigentlich® einen eigenen Workshop, der eigentlich® auch fast geschenkt ist ...)

Oder ist es eigentlich® genau andersrum?

Sie wollen eigentlich® ein bisschen bestimmter sein, denn eigentlich® sollten Sie ja der Rudelführer sein?

Oder Sie sind ein Tierschützer, der eigentlich® nur Hunde retten möchte, auch wenn diese eigentlich® gar nicht gerettet werden wollen – obwohl sie ja eigentlich® alle so dankbar, lieb und sozial sind?

Sie sind eigentlich® der Meinung, dass rassetypische Eigenschaften völlig überbewertet werden, denn eigentlich® ist ein Hund ein Hund und soll-

te sich somit eigentlich® in jeden Haushalt perfekt einfügen?
Oder ist eigentlich® alles ganz anders?
An welcher Stelle unserer Ausschreibung Sie sich wieder finden, ist eigentlich® auch egal, denn hier bei uns sind Sie eigentlich® immer genau richtig!
Die revolutionäre Eigentlich®-Methode lässt sich problemlos jedem Hund und Halter überstülpen. Sie können sich eigentlich® jegliche teure und langwierige Ausbildung sparen, weil Sie das bei uns eigentlich® auch in einem Wochenendkurs erlernen können.
Nutzen Sie unser eigentlich® günstiges Einführungsangebot von nur 19.879,00 € für den eigentlich® völlig überflüssigen Workshop! Lassen Sie sich von uns erklären, worum es eigentlich® in den Welten der Hunde geht.
Erfahren Sie mehr darüber, wie man es eigentlich® nicht machen sollte!
Profitieren Sie von unserer jahrelangen Erfahrung (»eigentlich® hat auch unser Großvater schon Hunde gehabt!«) und stellen Sie fest, dass wir eigentlich® außer einem ® nicht viel zu bieten haben – aber davon eine ganze Menge!
Warum melden Sie sich eigentlich® nicht gleich an?
Die sensationelle Eigentlich®-Methode, jetzt eigentlich® überall erhältlich, eigentlich® auch ganz in Ihrer Nähe!

Der Reiseproviant

8

Nichts wird so heiß gegessen, wie es gekocht wird.

»Der Professor sagt Nahrung. Der Bauer sagt Futter. Bürokraten sagen Verpflegung. Ich aber sage es so: Das Grundprinzip des Daseins ist das vernünftige Fressen.« (Walter Fürst)

Essen hält Leib und Beagle zusammen, sagt man. Aber die Ernährung von Hunden ist ein ähnlich explosives Thema, wie ein hungriger Beagle. Wer gut durchs Hundeleben reisen möchte, sollte auf den richtigen Proviant achtgeben. Aber wie packt man den Picknickkoffer richtig? Man fragt 10 Experten und bekommt 20 verschiedene Näpfe gefüllt. Diskussionen um die richtige Ernährung arten meist aus: Für die Einen macht rohes Fleisch aggressiv, für die Anderen ist Fertigfutter Tierquälerei und fast so schlimm, wie ein Hund, der am Halsband geführt wird. Die Auswahl ist

grenzenlos, und immer mal wieder habe ich den Gedanken, wie sich ein Mensch aus einem Entwicklungsland fühlen würde, wenn er die endlosen gefüllten Regale in den Futtermärkten sehen könnte. Über Kamel, Känguru, veganes Hundefutter, Hundefutter für Indoor-Hunde und Soße zum Anrichten findet man so ziemlich alles, was man sich vorstellen kann – aber nicht möchte!

Um es vorweg zu nehmen: ich selbst bin bei der Fütterung meiner Hunde sehr pragmatisch und habe in meinen Dreien dankbare Abnehmer für alles, was fressbar ist. Zur Not muss es nicht einmal das sein, aber darüber, dass Brillen, Fernbedienungen und Plastiktüten, in denen sich irgendwann mal eine Wurst befand, keine adäquate Nahrung sind, werden wir uns einig sein. Auch wenn Beagles das anders sehen.

Da auch ich die Weisheit nicht aus Näpfen gefressen habe, finden Sie hier kein Rezept für die richtige Ernährung, sondern ein paar Anmerkungen rund um der Beagles liebstes Hobby, die ich für wichtig halte.

Futterprägung

Gehen wir noch einmal zurück zum Start der Reise bzw. zur Reiseplanung. Denn viel zu oft wird übersehen, dass Hunde auch eine Futterprägung haben. Man gibt sich Mühe mit der Prägung auf alles Mögliche: der Hund lernt Hauptbahnhof und Flughafen kennen, ist mit allen möglichen Bodenbelägen vertraut, und am Ende ist das (sehr alltagsrelevante) »Bällebad« sein bester Freund. Was aber häufig total vernachlässigt wird, ist die Prägung auf verschiedene Futtermittel bzw. Inhaltsstoffe. Es ist bekannt, dass auch beim Hund eine erste Prägung auf bestimmte chemische Verbindungen, die im Futter enthalten sind, bereits im Mutterleib stattfindet. Geschmacks- und Aromastoffe aus dem Futter der werdenden Mutter werden von den Welpen mit dem Fruchtwasser geschluckt. Dadurch wird der Welpe bereits im letzten Drittel der Trächtigkeit auf die typische Nahrung im zukünftigen Lebensraum vorbereitet, erste Geschmackspräferenzen werden gelegt. Wenn die Welpen auf der Welt sind, nimmt die weitere Prägung ihren Lauf: Zum einen nimmt der Welpe weiterhin über die Muttermilch Geschmacks- und Aromastoffe auf, zum anderen wird er über das Brutpflegeverhalten der Mutter durch ihre Maulflora beim Abschlecken weiter geprägt. Und wenn die Welpen dann das erste Mal feste Nahrung zu sich nehmen, wird auch die Prägung darauf gefestigt. Wie alles, was die Natur sich so ausdenkt, hat dieser Mechanismus ebenfalls durchaus seinen Sinn. So hat es zum Beispiel ein Küstenwolf, der keinen Fisch mag, im weiteren Leben ungleich schwerer, nicht zu verhungern. Leider wird bei unseren Haushunden sowohl von Züchtern, als auch von den Tierärzten und der Futtermittelindustrie nach wie vor immer wieder suggeriert, dass man das Futter nicht wechseln darf, sondern bei einer bestimmten Sorte bleiben sollte. Das bedeutet dann in der Praxis, dass bereits die tragende Hündin im letzten Drittel der Trächtigkeit und während der Laktation ein auf ihren Bedarf abgestimmtes Welpenfutter bekommt, und die Welpen dann, sobald sie anfangen, selbstständig zu fressen, mit genau diesem Futter weitergefüttert werden, bis sie ein Jahr alt sind. Vor dem Hintergrund der stattfindenden Futterprägung ein absoluter Unsinn!

Während beim Beagle oder Labrador vermutlich tatsächlich nur Präferenzen entstehen, da bei der Zucht seit jeher Wert auf gute Fresser gelegt wurde, kann es bei anderen Hunden durchaus dazu kommen, dass alles andere verschmäht wird und man sich einen mäkeligen Fresser heranzieht. Das mag alles kein Problem sein, solange der Hund gesund ist und keine Allergie oder Unverträglichkeit entsteht. Spätestens aber, wenn der Hund ein Problem bekommt und eine darauf abgestimmte Diät benötigt, wird es schwierig. Wichtig ist also, bereits die Hündin in der Trächtigkeit abwechslungsreich zu füttern, und das bei den Welpen genauso fortzuführen. Natürlich soll das Futter auf den Bedarf zugeschnitten sein, egal ob roh, gekocht oder fertig, aber die Welpen sollten von Beginn an verschiedene Fleischsorten, Inhaltsstoffe, Hundefuttersorten, Essensreste (natürlich nicht gewürzt) etc. kennenlernen, dann hat man es im späteren Hundeleben wesentlich einfacher.

Güneş, mein Dönertierchen, wurde schließlich nicht umsonst Dönertierchen gerufen, den Titel hat sie sich hart erarbeitet! Mit einem halben Jahr brachte ich sie von der türkischen Straße auf die Münchener Couch. Futter fand sie damals nur zwei Tage lang toll, die nächsten 13 Jahre ver-

schmähte sie alles, was auch nur im Entferntesten an Hundefutter erinnerte, egal ob Dose, Trocken- oder Frischfutter. Selbst bei Wienerle oder frischem Pansen (okay, beim Pansen kann ich es ja noch verstehen ...) rümpfte sie nur angewidert die Nase. Das ging so weit, dass ich ihr einmal, als sie sich nach einer gut überstandenen Not-OP wegen eines Darmverschlusses über eine Woche lang nicht anfüttern ließ, einen Döner »mit allem und ohne scharf« gekauft habe. Den hat sie gefressen. Diese Mäkeligkeit war übrigens nicht nur für sie ein Problem. Einmal passierte es, dass ich mit meinem stark untergewichtigem Hund in München im Bus böse angefeindet und als Tierquälerin beschimpft wurde. Kein Wunder, wenn ein Hund mit 64 cm Rückenhöhe gerade mal 13 Kilogramm auf die Waage bringt, aber dennoch ungerechtfertigt. Es sei ja offensichtlich, dass der Hund nichts zu fressen bekommt, meinte das alte Ehepaar, die gesamte Besatzung des Busses zustimmend im Rücken. Auf meinen Einwand, dass ich alles durch hätte und der Hund einfach nichts fressen mag, war für die Benutzer des öffentlichen Verkehrsmittels klar, dass der Hund krank sei und dringend zum Tierarzt gehöre. Die Eheleute drückten mir sogar fünf Euro dafür in die Hand. Ich bedankte mich höflich, antwortete, dass ich Tierärztin bin, der Hund untersucht und gesund sei, und steckte die fünf Euro ein. Der Kaffee, den ich mir davon kaufte, war lecker ... Einmal wurde sie auch an der Isar, als sie mal wieder die obligatorischen 100 Meter hinter mir her trottete, beinahe eingefangen und ich habe es gerade noch bemerkt, als ich gefragt wurde, ob ich den abgemagerten Hund kenne, der offensichtlich seit Wochen alleine umherstreunt.

Ich kann alle beruhigen: Sie war mager, aber nicht krank. Fressen gehörte einfach nicht zu ihren Lieblingsbeschäftigungen, und wenn überhaupt, dann fraß sie ihr Leben lang nur Döner, Weißbrot und Essensreste einigermaßen gerne. Ich glaube übrigens nicht, dass Menschen mit dicken Hunden, von denen es viel zu viele gibt, genauso oft angesprochen werden.

Seit Güneş weiß ich übrigens die Gefräßigkeit eines Beagles, der in einer Meute nur dann in die Zucht geht, wenn er gut und alles frisst und keinerlei Futteraggression zeigt, zu schätzen! Auch wenn meine diese Mindestanforderungen weit übertreffen ...

Und ich bin froh, dass ich hier offiziell klarstellen kann, warum das Dönertier Dönertier hieß. Denn einmal saß eine Seminarteilnehmerin vor dem Seminar bei mir am Frühstückstisch und beschwerte sich über eine Frau Strodtbeck, die so respektlos sei, wie niemand sonst. Auf die Frage, wie sie darauf komme, antwortete sie mir, dass Frau Strodtbeck in einem Buch ihren Hund Dönertier genannt habe, und sie würde ja auch nicht auf die Idee kommen, ihre ungarische Hündin Gulaschhund zu nennen. Ich denke an Günther Blochs Pizzahunde und all die italienischen Straßenhunde, die bis heute für Pizza und Pasta alles stehen lassen und grinse in mich hinein.

Allergien und Unverträglichkeiten

Auch im Zusammenhang mit den zunehmenden Futtermittelallergien und -unverträglichkeiten halte ich eine breit gefächerte Fütterung von Anfang an für wichtig. Denn Immunsystem und Magen-Darm-Trakt müssen trainiert werden, damit es später nicht zu Problemen kommt. Auch kleine Mengen möglicher allergieauslösender Stoffe gelangen bereits über die Nabelschnur und die Muttermilch in den Kontakt mit den Welpen, und dadurch wird deren Immunsystem trainiert. Das schützt vor der Entstehung von

Allergien im weiteren Hundeleben. Eine plötzliche Futterumstellung wird einen Hund, dessen Magen-Darm-Trakt es gewöhnt ist, sich mit verschiedensten Futtermitteln auseinanderzusetzen, nicht so schnell aus der Bahn werfen.

All meine Hunde sind von Anfang an Futterwechsel gewöhnt und haben damit keinerlei Probleme. Sie fressen Dose und Döner, Fertig und Frisch, Fleisch und Fisch und auch mal Essensreste. Zumindest die drei, die noch da sind, die andere hatte sich ja auf Döner spezialisiert. Probleme hatte keiner meiner Hunde jemals. Wenn ein Hund eine Unverträglichkeit oder eine Allergie hat, versteht sich von selbst, dass man aufpassen und auf Inhaltsstoffe, auf die der Hund reagiert, verzichten sollte.

Eine Futtermittelallergie lässt sich übrigens ausschließlich durch eine Ausschlussdiät diagnostizieren! Die vorhandenen Bluttests liefern oft falsch positive Ergebnisse, sprich der Hund reagiert im Test auch auf Inhaltsstoffe, auf die keine Allergie besteht. Nur negative Ergebnisse sind zuverlässig, wenn also der Test sagt, dass keine Allergie besteht, dann hat der Hund auch keine. Die einzige Möglichkeit, eine Futtermittelallergie zu diagnostizieren ist, dem Hund bei einer Magen-Darm-Problematik mindestens vier Wochen lang (bei Hautproblemen sogar sechs Wochen lang) ausschließlich eine ihm unbekannte Protein- (also Eiweiß-) und Kohlenhydratquelle zu füttern. Wenn die Symptome dann verschwunden oder zumindest deutlich gelindert sind, ist der Beweis für eine Nahrungsallergie erbracht und man kann mit der sogenannten Provokationsdiät anfangen. Dazu füttert man nun einzelne Komponenten wieder zu und schaut, worauf er reagiert. In der Regel treten der Durchfall innerhalb von 24 Stunden und die Hautsymptome innerhalb von 48 Stunden wieder auf.

Um herauszufinden, welche Futtermittel für die Ausschlussdiät in Frage kommen, ist der Blutallergietest geeignet.

Noch vor nicht allzu langer Zeit war der Klassiker bei Durchfällen Lamm und Reis. Damit hat inzwischen fast jeder Hund bereits Kontakt gehabt. Selbst Pferd oder Strauß stehen »einfach so« auf dem täglichen Speiseplan vieler Hunde, weil die Besitzer ihnen ein bisschen Abwechslung im Napf gönnen wollen. Auch Exoten wie Rentier, Hirsch, Kamel oder Känguru sind heutzutage in jedem Futtermittelhandel als Snacks oder Futter erhältlich. Das führt leider dazu, dass es oft schwierig wird, eine für eine Ausschlussdiät geeignete Komponente zu finden, zu der der Hund noch keinen Kontakt hatte. Von »Exoten« im Napf ist also aus medizinischer Sicht strikt abzuraten, sie sollten eigentlich nur noch auf Rezept erhältlich sein. Außerdem glaube ich, dass sich der Hund über einen anständigen Entenhals genauso freut, wie über einen Straußenhals!

Von durchgefütterten Durchfällen

Ein wichtiger Hinweis zur Allergieentstehung darf nicht fehlen: obwohl fast jeder Hundehalter theoretisch weiß, dass man einen Hund mit Durchfall und/oder Erbrechen mindestens 24 Stunden fasten lassen sollte, halten sich die wenigsten daran. Dabei steigt mit einer »durchgefütterten« Durchfallerkrankung das Risiko, dass der Hund eine Futtermittelallergie entwickelt, weil durch die Entzündung im Magen-Darm-Trakt die Durchlässigkeit der Darmwand erhöht ist, und dadurch größere Futterbestandteile eindringen können. Diese werden vom Immunsystem und seinen Zellen beim nächsten Kontakt als fremd erkannt und in Form einer allergischen Reaktion bekämpft. Ein gesunder erwachsener Hund hat mit einer Nahrungskarenz von 24 Stunden keinerlei Probleme. Danach sollte er, falls die Symptome zurückgegangen sind, langsam mit Schonkost wieder angefüttert werden. Problematisch ist das Fasten unter Umständen beim Diabetiker oder beim Welpen. In diesem Fall sollte man auf ein sogenanntes »Opferprotein« ausweichen, also auf eine Proteinquelle, die in der täglichen Fütterung nicht vorkommt. Denn ein Hund mit einer Rentier- oder Känguruallergie ist für den Halter wesentlich leichter zu füttern als einer, der auf »normale« Inhaltsstoffe wie Rind, Lamm oder Geflügel reagiert. Zumindest für den in Europa lebenden Halter, in Finnland oder Australien mag das anders sein.

Der Hund ist kein Kaninchen, aber auch kein kleiner Wolf

Ein weiteres Reizthema bei der Ernährung von Hunden sind Kohlenhydrate im Napf. Während bei manchen Trockenfutter-Sorten das Fleisch kaum mehr zwischen all dem Mais zu finden ist, ist es genauso fatal, einen Hund ausschließlich mit tierischem Protein zu ernähren. Der Hund ist kein kleiner Wolf! Im Gegensatz zum Wolf hat der Hund Enzyme zur Verdauung von Stärke in seinem genetischen Gepäck, und die hat er nicht aus Modebewusstsein. Der Hund hat sich im Laufe der Domestikation dem Menschen angepasst, dem er sich als Müllentsorger angeschlossen hat. Ich wage zu bezweifeln, dass sich auf

Chihuahua sucht
distinguierten Partner für einen Wellnessurlaub im Luxushotel, gerne im warmen Süden. Bevorzugtes Reiseziel: Mexico. Bevorzugte Kategorie: Erste Klasse.
Falls auch Du Dich gerne verwöhnen lässt und Dir Kälte zuwider ist, melde Dich unter Chiffre: »Höhensonne«

steinzeitlichen Müllkippen Filetsteaks gefunden haben. Die Domestikation/Evolution ist also nicht spurlos am Hund bzw. seinem Verdauungstrakt vorbeigezogen, das wäre auch erstaunlich. Insgesamt wurden beim Hund 30 Kopien des Gens für Amylase entdeckt, dem Enzym, das für die Aufspaltung von Stärke im Verdauungstrakt notwendig ist. Wölfe dagegen verfügen nur über zwei dieser Gene, eines auf jedem Chromosom. Eine bestimmte Variante eines Gens für ein Enzym, das für den weiteren Abbau der Stärke notwendig ist, fand man sogar ausschließlich im Genom der Hunde. Forschungsergebnisse deuten also darauf hin, dass der Hund Stärke – den Hauptnährstoff in Getreide wie Reis oder Weizen – um ein Fünffaches besser verdauen kann als der Wolf. Die Domestizierung vom Wolf zum Hund ging offensichtlich insbesondere mit einer Umstellung auf stärkehaltige Nahrung einher. Auch aus einem anderen Grund sind Kohlenhydrate für den Hund wichtig: sie sind für die Bildung des »Glückshormons« Serotonin, das stimmungsausgleichende Wirkungen hat, nötig. Außerdem liefern Kohlenhydrate schnell verfügbare Energie. Das heißt aber im Umkehrschluss nicht, dass ich für meine Hunde auf ein Futter zurückgreifen würde, das fast ausschließlich aus Kohlenhydraten besteht. Obwohl zum Beispiel die Beaglemeuten bis heute zum Großteil mit Kohlenhydraten gefüttert werden und nur gelegentlich Schlachtabfälle bekommen. Auch die Windhunde der Nomaden sind auf eine kohlenhydratreiche Fütterung eingestellt, sie werden hauptsächlich mit Hirse und Milch gefüttert. Anders bei den nordischen Hunden, hier spielt Fisch die Hauptrolle im täglichen Speiseplan. Entscheidend ist also auch die Herkunft eines Hundes. Auf den »Nur-Futter-mit-hohem Fleischanteil-Zug« springen inzwischen auch findige Futtermittelhersteller auf und führen den Verbraucher im Dschungel der Futtermittel-Deklarationen hinters Licht. Es gibt Futtermittelfirmen, die durch ihre Werbung suggerieren, dass das beworbene Futter mit einem Frischfleischanteil von 70 % besonders hochwertig ist. Dazu muss man aber Wissen, dass Frischfleisch bis zu 80 % Wasser enthält. Um es zu Trockenfutter verarbeiten zu können, muss das Wasser entzogen und das Fleisch dann zu Fleischmehl verarbeitet werden. Nach dieser Verarbeitung bleibt von einem Futter mit 70% Frischfleisch also auch nicht mehr Fleisch als bei anderen Herstellern, die (wie ich finde dem Verbraucher gegenüber ehrlicher) direkt den Fleischmehl-Anteil deklarieren. Hier wird ersichtlich, dass man auf der Reise durch den Dschungel der Futtermitteldeklarationen einen kundigen Guide benötigt, um den Überblick zu behalten ...

Unterm Strich bleibt zu sagen, dass weder die ausschließliche Fütterung von tierischem Protein, noch die rein vegane Ernährung dem Hund und seinem Verdauungstrakt gerecht wird, sondern – wie fast immer – die goldene Mitte der richtige Weg ist.

Natürlich kann man aus der Fütterung der Hunde eine Wissenschaft machen, wenn man sonst

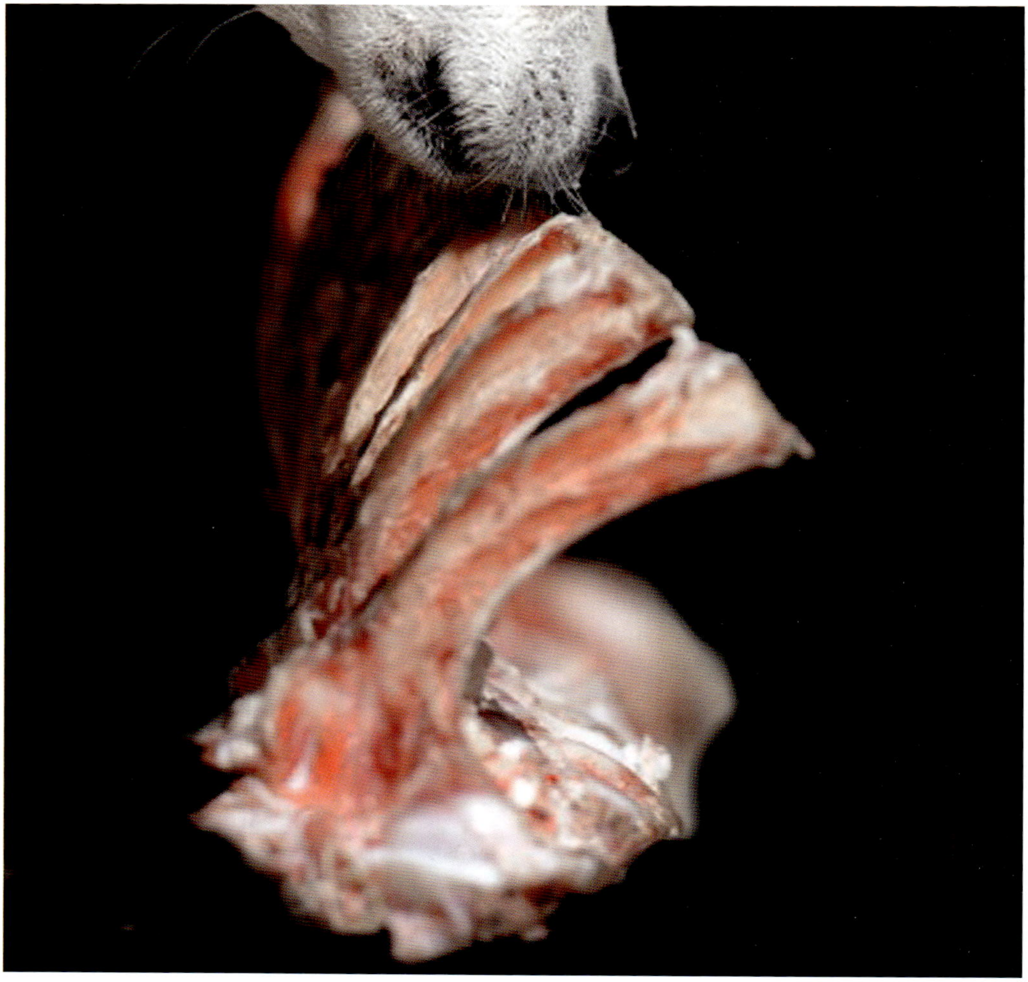

nichts zu tun hat, aber man muss es nicht. Man kann einen Hund gesund fertig füttern und krank barfen. Genauso wie man einen Hund gesund barfen und krank fertig füttern kann. Es gibt Hunde, die mögen kein rohes Fleisch, und es gibt Hunde, die mögen kein Fertigfutter. Daneben gibt es Hunde, die mögen nur Döner. Sicherlich ist es auch nicht jedermanns Sache, den frischen Pansen in der Küche zu zerlegen. Ich bin mit meinen Hunden viel auf Reisen, da ist die Rohfütterung sicherlich nicht die erste Wahl – zumindest nicht für mich. Aber ich freue mich, wenn die Nachbarn wieder mal ein Schaf schlachten und meine Drei sich genüsslich über die Schlachtabfälle hermachen.

Sicherlich, unsere Haushunde werden immer älter. Und ich bin überzeugt davon, dass für ein gesundes Altwerden auch die Ernährung eine wichtige Rolle spielt. Aber nichts wird so heiß gegessen, wie es gekocht wird! Wer barft sollte, um einem Nährstoffmangel oder einer Überversorgung vorzubeugen, sich einmal eine Ration berechnen lassen. Denn Studien haben ergeben, dass selbst ausgeklügelte Rationen oft gravierende Mängel aufweisen. Sicherlich schadet es keinem Hund, wenn er mal nicht ausgewogen frisst. Die meisten Menschen essen auch nicht immer ausgewogen … Wenn aber dauerhaft ein Ungleichgewicht besteht, hat das Folgen. Hier wird gerne mit »der Natur« argumentiert, aber in der Natur ist es nun mal so, dass ein Wolf seinen Job erledigt hat, wenn er mit sieben Jahren abdankt, solange er seine Gene weitergegeben hat. Unsere Haustiere aber sollen möglichst alt werden und dabei gesund bleiben.

Entgegen der landläufigen Meinung kann man Nährstoff-Imbalancen nicht in einem Blutbild nachweisen! Denn zum Beispiel ein Calcium-Mangel im Blut wäre lebensbedrohlich, also wird der Calcium-Blutspiegel so lange aufrecht erhalten (das Calcium wird aus den Knochen mobilisiert), bis das System zusammenbricht. Mit allen anderen Mineralien und Spurenelementen verhält es sich ähnlich. Die einzige Möglichkeit, einem Mangel oder einer Überversorgung vorzubeugen ist die Rationsberechnung, die sich an festen Bedarfszahlen orientiert.

Der Bedarf unserer Hunde an Nährstoffen sollte also über einen längeren Zeitraum gedeckt sein, egal für welche Art der Fütterung man sich entscheidet.

Fertig machen zur Landung

9

Mit grauer Schnauze dem Sonnenuntergang entgegen ...

»Man muss das Glück unterwegs suchen, nicht am Ziel, da ist die Reise zu Ende.«

Das Dönertierchen lebt seit einem Jahr nicht mehr, Andra ist inzwischen weit über 13 Jahre alt, aber erfreut sich zum Glück nach wie vor bester Gesundheit und ist immer noch ganz wild auf Wild. Ich glaube, sie haut gerade die angesammelten Bonusmeilen auf den Kopf. Auch das Pickelchen und Meier sind keine jungen Hunde mehr, sie sind inzwischen auch schon acht und neun Jahre alt. Sie sind gute Hunde, glaubt man der Jägerweisheit, die besagt »fünf Jahre ein junger Hund, fünf Jahre ein guter Hund, fünf Jahre ein alter Hund«. Aber vielleicht ist das der größte Nachteil an einer Reise mit Hunden? Wenn alles richtig herum läuft, brechen sie die Reise vor uns ab. Man muss das Glück auf dem Weg suchen, nicht am Ziel. Der Weg, die gemeinsame Zeit, ist das Ziel. Und die gemeinsame Zeit ist begrenzt, das wird einem mit jedem neuen grauen Haar an

der Schnauze und jedem neuen Alterszipperlein schmerzlich bewusst. Andra bekommt Alterswarzen – jedes Jahr eine, analog zu den Altersringen bei einem Baum.

Auf der anderen Seite empfinde ich jedes Jahr, und genaugenommen die letzten Jahre noch mehr als die ersten, als Geschenk. Ich erlebe jeden Tag bewusster, freue mich, wenn es der alten Dame gut geht, und mir geht das Herz auf, wenn ich sie über die Wiese flitzen sehe. Ja, ich freue mich inzwischen sogar über das Aas hinter ihren hübschen Schlappohren! So agil muss man mit fast 14 Jahren erst mal sein ...
Gerade die letzten Jahre sind etwas ganz besonderes auf der Reise durchs Hundeleben. Hund und Mensch werden immer mehr zum eingespielten Team, man versteht sich blind, zur Verständigung braucht es fast keine Worte mehr. Man kennt sich und kann sich aufeinander verlassen. Oder wie schon Goethe sagte: »Der Rost macht erst die Münzen wert.«
Aber ab wann ist denn ein Hund überhaupt ein Senior? Diese Frage, die ich so oft gestellt bekom-

me, lässt sich nicht pauschal beantworten. Während viele kleine Hunde mit 15 Jahren noch topfit sind, ist zum Beispiel manch eine Dogge oder ein Irischer Wolfshund bereits mit fünf Jahren alt (ein Indiz dafür, dass Jäger nicht mit Doggen auf die Jagd gehen, denn bei solchen Riesen würde der Spruch von oben nicht hinhauen).

Das Seniorenstadium eines Hundes lässt sich also nicht am tatsächlichen Lebensalter festmachen, sondern nur an der Symptomatik.

Das erste, offensichtliche Anzeichen für das Altern eines Hundes ist in der Regel die langsam ergrauende Schnauze. Obwohl das natürlich auch beim Hund eine individuelle Veranlagung ist, so dass ein Hund mit grauer Schnauze noch lange kein Senior sein muss. Meier ist mit seinen acht Jahren schon deutlich grau meliert (er kann es tragen!), während Andra mit fast 14 noch überraschend farbecht ist.

Wie beim Menschen beginnt das Ergrauen in der Regel am Kopf, beim Menschen an den Schläfen, beim Hund an der Schnauze, und setzt sich dann langsam nach hinten fort. Dabei gibt es eigentlich keine grauen Haare, der optische Eindruck entsteht durch eine Mischung aus pigmentierten und pigmentlosen Haaren. Die Haare sind entweder weiß oder farblos, verursacht durch einen im Alter erschwerten Abbau von Wasserstoffperoxid, das dann wiederum eine verminderte Produktion des Farbstoffes Melanin nach sich zieht. Das fehlende Melanin führt zu einer Hypopigmentierung und wird durch Einlagerung von Luftbläschen in den Haarschaft ersetzt. Solche Haare erscheinen für das menschliche Auge weiß.

Organische Veränderungen

Der deutsche Mediziner und Begründer der Gerontologie (das ist die Wissenschaft vom Altern), Max Bürger, definierte 1960 das Altern als eine »irreversible, zeitabhängige Veränderung von Strukturen und Funktionen lebendiger Systeme«. Das Altern ist also ein degenerativer biologischer Prozess, der mit zunehmendem Lebensalter zu psychischen und physischen Abnutzungserscheinungen führt. Eine der Folgen ist, dass alte Hunde häufiger erkranken. Als typische Alterskrankheiten treten beim Hund – ähnlich wie beim Menschen – zum Beispiel Niereninsuffizienz, Herzerkrankungen, Tumore, Übergewicht, Lebererkrankungen, Schilddrüsenerkrankungen, Diabetes und vieles mehr auf. Das ist der Grund, warum es sich empfiehlt, beim älteren Hund regelmäßig ein sogenanntes »Geriatrieprofil« erstellen zu lassen, also eine Blutuntersuchung, in der speziell die Organe erfasst werden, die im Alter oft Probleme bereiten.

Ein weiteres häufiges Problem beim älteren Hund sind Verschleißerscheinungen der Gelenke und der Knochen. Schmerzhafte Arthrosen, die dem Hund Probleme bereiten, sind die Folge. Hier steht der Hundehalter in der Pflicht, seinem Hund einen (weitgehend) schmerzfreien Lebensabend zu ermöglichen. Wenn Leber- und Nierenwerte nicht dagegensprechen, sollte man in diesem Fall Schmerz- und Entzündungshemmer geben, um den Alltag erträglich zu machen. Diese Medikamente werden in der Regel auch bei längerfristiger Gabe gut vertragen, und es gibt inzwischen verschiedene Wirkstoffe, so dass man für jeden Hund etwas findet, das sich mit seinen sonstigen Problemen vereinbaren lässt. Denn auch beim Hund gilt: wer rastet, der rostet! Regelmäßige Bewegung ist wichtig, auch um einem weiteren Abbau der Muskulatur vorzubeugen. Und wer Schmerzen hat, mag sich nicht bewegen.

Ernährung

Prinzipiell sollte man dem Abbau von Muskulatur durch die ausreichende Fütterung von hochwertigem, leicht verdaulichem Eiweiß vorbeugen, solches Protein ist z.B. in Muskelfleisch oder auch Ei oder Milcheiweiß enthalten. Für einen Senior empfiehlt sich ein Proteingehalt von ca 18–22 %, denn zu viel Protein muss über die Nieren abgebaut werden und belastet diese zusätzlich.

Wegen der oft eingeschränkten Bewegungsfreude muss auch auf einen reduzierten Kaloriengehalt geachtet werden. Der Energiegehalt muss also dem Zustand des Hundes individuell angepasst werden, um Übergewicht und seinen fatalen Folgen vorzubeugen. Selbstverständlich muss die Nahrung auch dem Gesundheitszustand angepasst werden. Das bedeutet zum Beispiel bei einer Nierenerkrankung einen reduzierten Proteingehalt, um die Nieren zu entlasten, oder bei einer Tumorerkrankung einen möglichst geringen Kohlenhydratanteil, um den Tumor nicht mit zu füttern.

Um die Darmtätigkeit zu regulieren, sollte ein Seniorfutter auch einen adäquaten Ballaststoffgehalt aufweisen. Erkennbar ist der Ballaststoffgehalt am Rohfasergehalt in der Deklaration. Ein Fertigfutter für Senioren sollte einen Rohfasergehalt von mindestens 2 % haben. Ein hoher Rohfasergehalt hat einen weiteren Vorteil, nämlich einen niedrigen Energiegehalt, so dass der Hund etwas mehr fressen darf, ohne dass sich das »mehr« sofort auf den Rippen bemerkbar macht. Ein Seniorhund hat auch andere Ansprüche an die Mineral- und Spurenelemente-Versorgung als ein junger Hüpfer. Vor allem Phosphor spielt eine große Rolle, weil die Funktionsfähigkeit der Nieren im Alter eingeschränkt ist, und ein hoher Phosphorgehalt die Nieren zusätzlich belastet. Die Phosphoraufnahme beim Senior sollte 75 mg pro Kilogramm Körpergewicht nicht überschreiten.

Auch andere Mineralstoffe (Natrium, Kalium, Chlorid) sollten nicht im Übermaß vorhanden sein, der Rohaschegehalt, an dem man den Mineralstoffgehalt festmachen kann, sollte maximal 4 % nicht überschreiten.

Der Vitamingehalt hingegen sollte im Vergleich zu einem normalen Adultfutter erhöht sein, weil ein alter Hund Vitamine schlechter verwerten kann und sie zusätzlich vermehrt über die Nieren ausscheidet. Vor allem auf Vitamin E und auf die B-Vitamine ist ein besonderes Augenmerk zu legen, und auch Vitamin C, das der junge, gesunde Hund in ausreichender Menge selber herstellt, kann zugefüttert werden, weil es eine wichtige Funktion als Antioxidans hat, und den Körper so vor schädlichen Stoffwechselabbauprodukten schützt. Wenn Ihr Hund also gerne Obst und Gemüse frisst, ist nichts dagegen einzuwenden.

Wichtig für den Senior ist auch die mehrmals tägliche Fütterung kleinerer Portionen, am besten zu regelmäßigen Zeiten. Auch muss man gegebenenfalls darauf achten, dass das Futter gut gekaut werden kann, denn oft haben ältere Semester ja Probleme mit den Beißerchen. Gegebenenfalls kann man Trockenfutter auch in etwas warmem Wasser aufweichen, das steigert zudem die Akzeptanz und erhöht die Wasseraufnahme. Mein Dönertierchen, das – wie inzwischen bekannt – ein äußerst schlechter Fresser war, bekam die letzten Jahre mehrmals täglich einen kleinen »Snack« hingestellt, was wiederum den Neid der Beaglefraktion ins Unermessliche und die Sabberfäden ins Unerträgliche steigen ließ.

Von Demenz und seniler Körbchenflucht

Ein Problem, das vielen Haltern von alten Hunden bekannt sein dürfte, ist die Demenz, die durch die höhere Lebenserwartungen bei unseren Hunden genauso wie bei unseren menschlichen Artgenossen immer häufiger auftritt. Durch mein Dönertierchen, das zugegebenermaßen schon dement auf die Welt kam, sich aber trotzdem mit den Jahren steigerte, bin ich seit längerem mit der Problematik vertraut. Vor allem die Orientierungslosigkeit nahm zu, es passierte immer öfter, dass sie in einer Zimmerecke stand und »vergessen« hatte, wie man da wieder rauskommt. Sie war quasi gefangen in einem Käfig, der nur an zwei Seiten geschlossen war. Oft musste ich sie dann in der Ecke abholen. Auch kam es vor, dass sie auf dem Weg ins obere Geschoss vergaß, was sie eigentlich wollte. Dann verharrte sie für einige Minuten auf der Treppe, um dann irgendwann wieder den Rückweg anzutreten. Oder sie stand an der Haustüre und wollte auf der Seite herausgelassen werden, die sich gar nicht öffnen ließ. Das wäre früher nicht passiert, denn da wusste sie, welche Seite die erfolgsversprechende ist. Das Spazieren-Gehen wurde zum Spazieren-Stehen, weil Madame

zunehmend in ihre eigene Nasenwelt abtauchte und minutenlang an einem einzigen Grasbüschel schnüffelte. Wenn man sich überlegt, wie viel Grasbüschel uns durchschnittlich pro Spaziergang begegnen, kann man sich vorstellen, wie lange wir für 500 Meter brauchten – die hündische »Jugend« im Hause Strodtbeck war zunehmend genervt. Das Fressen, das ja noch nie zu ihren Lieblingshobbies gehört hat, zog sich noch mehr in die Länge, weil sie offenbar mit der Nase im Napf vergaß, was sie gerade tun wollte, und dann minutenlang einfach so dastand und dabei Zeit und Futter vergaß.

Manchmal erkannte sie »alte Bekannte« nicht, begrüßte dafür aber Fremde, als wären sie ihre besten Freunde.

Ein Parkett oder Laminat empfiehlt sich nicht, wenn man einen dementen Hund im Haus hat, denn durch die nächtliche Unruhe mit rastlosem Umherwandern ist es schnell auch vorbei mit der Nachtruhe der Halter, wenn Hund an seniler Bettflucht leidet und die ganze Nacht über das Parkett tippelt.

Demenzerkrankungen sind also nicht nur dem Menschen vorbehalten, auch Hunde leiden am sogenannten kognitiven Dysfunktionssyndrom. Weitere Anzeichen hierfür sind plötzliche Angstattacken in eigentlich seit langem vertrauten Umgebungen und Situationen, plötzliche Reizbarkeit und Aggressionen, Probleme mit dem Alleine-Bleiben, eine zeitliche und räumliche Desorientierung und/oder eine zunehmende Teilnahmslosigkeit. Auch Appetitlosigkeit und nachlassende Körperpflege können symptomatisch für eine Demenz sein. Trotzdem muss betont werden, dass auch andere Erkrankungen zu solchen Symptomen führen können, weshalb es unbedingt notwendig ist, das Krankheitsbild von einem Tierarzt abklären zu lassen.

Die Ursachen

Beim Menschen sind einige Risikofaktoren für die Entstehung der mentalen Frührente bekannt, an erster Stelle ist hier eine hohe Lebenserwartung zu nennen. Klar, einen zweijährigen dementen Hund wird man eher selten finden ... Aber auch Übergewicht, Depressionen, wenig Bewegung und Diabetes Mellitus zählen zu den Risikofaktoren. Studien haben nachgewiesen, dass eine Erhöhung des Spiegels des Stoffwechselgiftes Homocystein, ausgelöst durch einen Mangel den Vitaminen Folsäure und Vitamin B 12 und B 6 im Alter, das Risiko für Demenz steigen lässt. Gerade das Vitamin B12 hat auch eine andere wichtige Funktion: es hat eine zentrale Schlüsselfunktion für den Erhalt der sogenannten Myelinscheiden – der schützenden Membran um die Nervenzellen. Fehlt Vitamin B12, baut sich diese Myelinschicht stetig ab, die Folge ist eine verminderte Reizweiterleitung der Nervenzellen und damit verlangsamte Denk- und Gedächtnisprozesse. Auch Omega-3-Fettsäuren spielen eine wichtige Rolle beim Schutz der Myelinscheiden.

Außerdem schützt das weibliche Sexualhormon Östrogen die Nerven. Werden diese Östrogene der Hündin durch eine Kastration genommen, steigt das Demenzrisiko im Alter. Und auch beim Rüden gilt das für das männliche Sexualhormon. Eine große Rolle spielt hier auch das Stresshormon Cortisol. Die Cortisol-Gesamtproduktion ist zwar nicht altersabhängig, jedoch kommt es mit zunehmenden Alter zu einer erhöhten Stressempfindlichkeit mit stärkerer Cortisolausschüttung im Falle einer Belastungssituation,

Kangal sucht
jemanden, für den er schon in der Früh das Handtuch über den Liegestuhl legen darf. Bei der Schlacht am Buffet garantiere ich Dir »all you can eat« mit mir an Deiner Seite. Die Animateure schauen wir uns gepflegt aus der Ferne an. Chiffre: »Mein Haus, mein Auto, mein Boot«

und Cortisol verstärkt Gedächtnisschwierigkeiten. Bekannt ist auch, dass ein Leben in dauerhaft überfordernden Stresssituationen das Risiko, an Demenz zu erkranken, erhöht. Ständig erhöhte Cortisolspiegel schädigen das Gehirn dauerhaft und hinterlassen Spuren im Hippocampus, dem Teil des Gehirns, der für das Gedächtnis zuständig ist.

Auch führt das leichter erregbare Cortisolsystem zu einer Verschärfung der nächtlichen Unruhe, weil Cortisol als Stresshormon schlaflos macht. Und Hunde, die nachts nicht schlafen, haben am nächsten Tag Stress, weil sie übermüdet sind. Ein Teufelskreis! Wer einmal ein Schlafzimmer mit Parkett oder Laminat mit einem Hund, der an seniler Körbchenflucht leidet, geteilt hat, weiß, wovon ich rede ...

Berichte vieler Halter zeigen auch, dass sich bereits bestehende Problematiken, wie z.B. eine Gewitter- oder Verlassensangst, im Alter durch die erhöhte Ausschüttung von Stresshormonen oft verschärfen.

Dazu kommt die nachlassende Seh- und Hörfähigkeit. Vor allem die Fähigkeit des »Stereohörens«, und damit die Fähigkeit, Geräusche einer bestimmten Richtung und Quelle zuzuordnen, sinkt im Alter – auch das bedeutet erhöhten Stress für den Hund. So gibt es viele Hunde, die ihr Leben lang keine Probleme mit Gewitter oder Silvester hatten, im Alter aber plötzlich Panik bekommen.

Denn Hunde haben weniger Probleme mit einer Geräuschquelle, die sie sehen und zuordnen können, als mit Geräuschen, die sie nicht zuordnen können. Wenn Sie einen Topfdeckel vor einem geräuschempfindlichen Hund auf den Boden werfen, hat er zwei Möglichkeiten: flüchten oder angreifen, entsprechend des Hormonsystems des Nebennierenmarks, das die Hormone Adrenalin (= Fluchthormon) und Noradrenalin (= Kampfhormon) produziert. Er hat also konkrete Handlungsmöglichkeiten. Kommt das Geräusch »aus dem Nichts«, wie zum Beispiel bei einem Gewitter, bei dem der Donner für den Hund keiner konkreten Situation zuzuordnen ist, hat er diese Möglichkeiten nicht. Er reagiert in diesem Fall – wenn er ein Problem mit Geräuschen hat – mit dem Stresshormon Cortisol aus der Nebennierenrinde.

Was kann helfen?

Der Zusammenhang mit dem Stresshormon Cortisol macht klar, dass man bei Hunden mit einer kognitiven Dysfunktion am allgemeinen Stressmanagement ansetzen muss. Dazu eigenen sich zum einen verschiedene Nahrungsergänzungsstoffe, ggf. Medikamente oder auch Pheromone, also Duftstoffe mit einer beruhigenden Wirkung. Diese Pheromone sind Duftstoffe, die ursprünglich von Mutterhündinnen produziert werden, um den Welpen den Weg zur Milchbar zu weisen. Und nebenbei haben sie eine stresssenkende Wirkung, auch bei erwachsenen Hunden, wenn diese eine »gute Kinderstube«

hatten. Diese Pheromone gibt es synthetisch hergestellt zum Beispiel als Steckdosenzerstäuber.

Eine Nahrungsumstellung macht im Alter nicht nur unter den oben erwähnten Gesichtspunkten Sinn, sondern auch im Hinblick auf die kognitive Dysfunktion. Man kann versuchen, dem Hund über die Zugabe von Folsäure, B-Vitaminen, L-Carnitin, Omega-3-Fettsäuren, Vitamin E und C Erleichterung zu verschaffen und seine Gehirnleistung zu verbessern. Allerdings sollte man auch diese Umstellung mit dem Tierarzt absprechen, um eine Über- oder Unterversorgung zu verhindern.

Studien zeigen, dass auch der Einsatz von Ginkgo biloba, bekannt aus der Humanmedizin, beim dementen Hund erfolgsversprechend sein kann. Mein Dönertierchen hatte die Studie allerdings nicht gelesen ...

Bei vielen Hunden hilft eine Umstellung auf eine maisfreie Ernährung, weil Mais sehr wenig an der Aminosäure Tryptophan enthält, die für die Bildung des stressdämpfenden und stimmungsaufhellenden Botenstoffes Serotonin notwendig ist. Allerding sollte man auch das individuell auf die Persönlichkeit des betroffenen Hundes abstimmen.

Entspannungsmassagen können über das dabei gebildete Bindungshormon Oxytocin, das ein wichtiger Gegenspieler des Stresshormons Cortisol ist, den Stress senken.

Wer rastet, der rostet

Wichtig für Hunde mit einer kognitiven Dysfunktion sind tägliches Training, feste Rituale und Tagesabläufe, aber auch Abwechslung.

Fangen Sie – wenn noch nicht geschehen – an, den Hund auf Sichtzeichen umzustellen, denn das erleichtert den Umgang mit dem schwerhörigen Hund.
Stellen Sie den Hund weiterhin vor Herausforderungen, aus denen er erfolgreich herausgehen kann. Denn beim selbstständigen Lösen von Aufgaben wird der Botenstoff Dopamin ausgeschüttet, die sogenannte Selbstbelohnungsdroge des Gehirns und ebenfalls ein wichtiger Gegenspieler des Cortisols. Gut geeignet sind zum Beispiel (gelenksschonendes!) Clickertraining oder verschiedene Formen der Nasenarbeit (das trainiert nebenbei auch noch seine Nase).
Bieten Sie Ihrem Hund Abwechslung, bauen Sie auf dem Spaziergang mal einen kleinen Umweg oder ein kleines Spielchen ein, das regt die Gehirnleistung an. Wer rastet (egal ob physisch oder psychisch), der rostet – das gilt auch für unsere Fellnasen. Aber passen Sie auf, dass Sie Ihren alten Herren oder Ihre alte Dame dabei nicht überfordern!
Extrem wichtig sind für einen Senior immer wiederkehrende Rituale. Das beginnt mit einem Futternapf oder Schlafplatz, die immer am selben Ort stehen sollten, und geht bis hin zu einem zeitlich klar strukturierten Tagesablauf. Nutzen Sie Rituale, um bestimmte wiederkehrende Ereignisse anzukündigen. Feste Schmuseeinheiten zu einer bestimmten Zeit können beispielsweise auch ein Ritual sein.
Geben Sie Ihrem Senior die nötige Sicherheit, übernehmen Sie die Führung und beweisen Sie dabei, dass Sie die nötige Kompetenz dafür besitzen. Beschützen Sie Ihren Senior z.B. vor »Übergriffen« wilder Jungspunde, denn auch wenn der andere »nur spielen will«, ist das in der Regel für einen schlecht hörenden und sehenden alten Hund mit kaputten Gelenken Stress. Mir blutet regelmäßig das Herz, wenn ich überforderte Hundesenioren an ausgefahrenen Flexileinen bildlich gesprochen alleine im Regen stehen sehe, weil der distanzlose Labrador oder Beagle (nein, ich habe nichts gegen Labradore und schon gar nichts gegen Beagles, aber die Sache mit der Individualdistanz haben viele Rassevertreter einfach nicht verstanden) meint, aufdringlich werden zu müssen und der Senior sich nicht wehren kann. Gefahrenabwehr ist Leittiersache, man kann es nicht oft genug wiederholen!
All diese Maßnahmen werden das Leben für Ihren Senior etwas lebenswerter und bequemer machen.

Die sanfte Landung

Trotz allen Hilfen, die Sie Ihrem Hund anbieten können, wird er irgendwann kommen: der Tag, an dem die Lebensqualität dauerhaft nicht mehr gegeben ist und die Reise sich ihrem Ende zuneigt. Doch wann ist dieser Tag? Diese Frage beschäftigt die meisten Hundehalter schon lange, bevor es soweit ist. Und es ist gut und richtig, sich schon früh Gedanken darüber zu machen! Auch wenn Leben das ist, was passiert, während wir Pläne machen. Manchmal kommt also alles ganz anders, und es liegt nicht in unserer Hand, wann unser Hund eine andere Abzweigung nimmt, und seine eigene, letzte Reise antritt.

Ich hatte mir – vielleicht auch berufsbedingt – schon im Vorfeld sehr viele Gedanken gemacht, zumal das Dönertierchen in seinem Leben mehrfach an einer Kreuzung stand und sich überlegte, welche Abfahrt es nehmen soll.
Sie hatte zweimal einen Darmverschluss, jeweils durch Stress ausgelöst. Die Ursache war ein unerkannter Tumor im Magenausgang, der das ganze Jahr über keine Probleme machte, aber an zwei aufeinanderfolgenden Jahren jeweils am 6. Januar um 16.30 Uhr, bedingt durch eine stressinduzierte Magenschleimhautentzündung, den Magenausgang komplett blockierte. Der Kollege begrüßte mich im zweiten Jahr tatsächlich mit den Worten »The same procedure as last year, Miss Sophie?« in seiner Praxis. Ein Darmverschluss stellt einen absoluten Notfall dar! Also wurden wir beim ersten Mal sofort mit der Verdachtsdiagnose Magendrehung in die nächste Klinik weitergeschickt. Diese einsame Fahrt durch die Dunkelheit war eine der schlimmsten meines Lebens, die Gedanken jagen einem in einem Tempo durch den Kopf, das jeden Beagle vor Neid erblassen lässt. Wie oft verflucht man (bzw. ich) seinen Hund, wie oft nimmt man alles als selbstverständlich und neigt dazu, nur die schlechten und anstrengenden Seiten wahrzunehmen? Ein Leben ohne das Dönertier war zu diesem Zeitpunkt einfach unvorstellbar! Natürlich war mir bewusst, dass die Zeit, die einem ein Hund schenkt, immer begrenzt ist, aber wenn so urplötzlich alles anders ist und das Leben auf der Kippe steht, helfen rationale Überlegungen nicht weiter. Ich versprach ihr auf der Fahrt einiges, zum Beispiel dass ich sie nie mehr zum Spaziergang nötige, dass ich ihr restliches Leben dafür Sorge tragen werde, dass ihr der Himmel nicht doch noch auf den Kopf fällt, dass ich ihr keine weiteren Beagles vor die Nase setzen werde, dass ich meine Türkischkenntnisse auffrischen werde, um ihr ein Gefühl von Heimat zu geben, und sogar eine eigene Dönerbude, für den Fall, dass sie lebend aus der ganzen Sache, beziehungsweise Klinik rauskommt. Und als ich sie in der Klinik zurückließ, war das der erste Abschied, denn ich rechnete nicht damit, dass wir uns wiedersehen würden.
Um die Geschichte abzukürzen: Es war keine Magendrehung, eine Diagnose wurde allerdings in diesem Jahr nicht gestellt, der Tumor blieb unentdeckt. Aber ich konnte das Dönertier wieder in meine Arme nehmen und mich über zusätzliche Bonusmeilen freuen.
Ein Jahr später wiederholte sich dann das Drama, diesmal wurde aufgrund des Röntgenbefundes die Verdachtsdiagnose Tumor am Beginn des Dünndarmes gestellt – inoperabel. Trotzdem bestand ich darauf, sie aufzumachen, nachzuschauen und sie, falls sich der Verdacht bestätigen sollte, nicht mehr aufwachen zu lassen. Diesmal war ich mir also sicher, dass wir uns nicht mehr begegnen würden. Und trotzdem war die Situation des Abschied-Nehmens für mich erträglich, denn Güneş, die zähe, kleine Streetfighterin wurde über Nacht zuhause von mir mit Infusionen stabilisiert und stand unter Schmerzmitteln. Die Nacht verbrachte ich in dem Bewusstsein, Abschied zu nehmen, an ihrem

Körbchen. Am nächsten Tag ging es ihr »den Umständen entsprechend« gut und sie marschierte guter Dinge in die Klinik und begrüßte dort jedermann freundlich. Ich habe meinen Stresshund gar nicht mehr wiedererkannt! Meine Gefühle waren sehr ambivalent: Auf der einen Seite schnürte es mir das Herz zusammen, aber auf der anderen Seite war da auch Freude, und zwar darüber, dass dieser Hund, der sein Leben lang Angst hatte, dass ihm der Himmel auf den Kopf fallen könnte, auf diesem vermeintlich letzten Gang keinen Stress hatte. Das machte es für mich tatsächlich leichter. Und ich musste sogar in dieser Situation über sie schmunzeln. Eine Hündin, die aus jeder Mücke einen Elefanten machte, aber jetzt, als der Elefant vor ihr steht und droht, sie niederzutrampeln, sieht sie nur die Mücke und tanzt Tango mit ihr. Das brachte mich

zum Lachen, und Humor ist ja bekanntlich, wenn man trotzdem lacht! Und wenn das Leben mit Problemhunden durch Humor einfacher wird, dann muss das doch auch für Hundeprobleme gelten ...
Sie schlief in meinen Armen ein, als die Narkose wirkte, und ich verabschiedete mich von ihr. Und zwar so lange, bis aus dem OP der erleichternde Anruf kam, dass man sich vertan hätte und der Tumor nicht im Dünndarm, sondern im Magen sitzt und gutartig und operabel ist. Meine Königin der Bonusmeilen und des Herzens durfte wieder aufwachen!

Danach hatten wir noch drei wundervolle Jahre, in denen sie ihr Leben in vollen Zügen genoss. Es war eine Zugabe, ein Geschenk! Manchmal hatte ich in dieser Zeit den stark vermenschlichenden Gedanken, dass das Leben auch für sie wertvoller wurde, nachdem sie es einmal fast verloren hatte. Aber so denken Hunde natürlich nicht, glaube ich ...
Aber auch, wenn sie prächtig drauf war, merkte man, dass sie älter wurde. Noch im hohen Alter, als sie laut Herzbefund und Röntgenaufnahmen der Gelenke theoretisch nicht mehr hätte leben und gehen können, lebte sie mit aller Entschlossenheit – was sind schon Herz- und Röntgenbefunde? Aber auch, wenn das Dönertierchen bis zum Schluss eine zähe Streetfighterin geblieben ist, war klar, dass die Zeit, die bleibt, begrenzt ist. Wann ist der richtige Zeitpunkt? Gibt es den überhaupt? Werde ich ihn wahrnehmen, wenn er da ist? Muss ich irgendwann die Entscheidung treffen? Fragen, die sicherlich jeden Halter eines Hundesenioren beschäftigen. Mich ganz besonders, denn im November 2013 starb mein Lebensgefährte unerwartet in meinen Armen, das Thema Tod war plötzlich präsenter als ich das je für möglich gehalten hätte. Während ich trauerte, versuchten meine Hunde – jeder auf seine Art, mich aufzumuntern und für mich da zu sein. Andra war für ihre Verhältnisse ziemlich anhänglich und übernachtete mit mir auf der Couch. Meier wich mir nicht mehr von der Seite, er saß monatelang auf dem Stammplatz meines Freundes, sobald ich am Tisch saß, und schaute mich mit einem »Ich-verstehe-alles-Blick« an. Ich hatte das Gefühl, dass er vorübergehend die

Verantwortung für unsere Truppe übernahm und stabilisierte, was noch zu stabilisieren war. Klar, wenn die Pilotin ausfällt, muss der Copilot einspringen. Piccolo war völlig durch den Wind, er ist ein kleiner Hund mit einer großen Antenne für Stimmungsübertragung. Ich glaube, er trauerte um mich, da ich irgendwie auch ein bisschen mitgestorben war, und nicht um meinen Freund. Und Güneş? Güneş blühte richtig auf! Sie legte ein Tänzchen nach dem anderen auf das Parkett, schleppte die unmöglichsten Sachen an, um mir ihr wildes Objektspiel vorzuführen. Sie wusste, dass ich bei ihrem wilden Pfotentanz und dem dabei aus ihren Augen blitzendem Schalk jedes mal lachen musste. Sie mutierte zum türkischen Derwisch, der immer wieder Spielpausen einlegte, mich anstupste und auffordernd ansah: »Lach doch auch mal!« Sie spielte auf einmal so viel wie nie zuvor in ihrem Leben. Und sie schaffte es tatsächlich, mir in dieser Zeit zwischen all meinen Tränen auch immer wieder ein Lächeln abzuringen. Die Hunde nötigten mich, trotzdem zu funktionieren, mich um sie zu kümmern und rauszugehen. Sie ließen mich in ihren Pelz weinen, brachten mich zum Lachen, und spendeten Wärme und Trost in einer Zeit, in der ich keine Menschen um mich herum ertrug. Sie gaben mir Halt. Jeder war auf seine Art für mich da, jeder war wichtig. Aber der Oskar ging an das Dönertierchen, sie wuchs über sich hinaus!

Ich war froh, dass sie da war, auch wenn sie mein Leben noch komplizierter machte, als es eh schon war. Denn sie war der Hund, den man nicht mal eben auf ein Seminar mitnehmen oder irgendeinem Hundesitter anvertrauen konnte. Sie hasste Auto fahren, fremde Orte und Hunde waren Stress für sie. Außerdem gibt man so eine Oma nicht irgendwo hin – ich zumindest nicht. Aber ich konnte auch nicht alle Seminare, von denen ich ja lebe, einfach absagen. Egal, irgendeine Lösung wäre mir sicher eingefallen.

Abschied nehmen

Aber es kam anders. Freitag Nacht, zwei Tage vor ihrem Tod, wunderte und freute ich mich, dass Güneş etwas tat, was sie seit fünf Jahren nicht mehr getan hatte: sie kam zu mir ins Bett und suchte Körperkontakt. Ich dachte mir nichts dabei. Am nächsten Tag war sie gut drauf und fraß abends so gut und viel, wie lange nicht mehr. Danach versuchten wir alle zu schlafen, Güneş gelang es. Gegen ein Uhr nachts stand sie auf, torkelte etwas und setzte unkontrolliert Kot ab. Sie wollte raus und ich ließ sie in den Garten und wunderte mich, dass sie nicht wieder kam. In dieser Nacht war es stockfinster und es dauerte, bis ich sie im Dunkeln in unserem Riesengarten fand: sie lag unter einer Tanne und kam nicht mehr hoch. Ich trug sie rein und stellte fest, dass sie ziemlich blasse Schleimhäute und einen aufgetriebenen Bauch hatte. Außerdem erbrach sie sich. Ich fuhr sofort mit ihr zu einem Kollegen und ahnte das Schlimmste. Der Kollege beruhigte mich, nahm Blut, spritzte ihr etwas gegen die Schmerzen und gegen das Erbrechen. Er wollte sie dabehalten, aber zum Glück ließ ich mich nicht darauf ein, weil ich sie genauso gut zuhause an den Tropf hängen konnte. Es war also wieder einmal eine Nacht an Güneş' Körbchen – der Hund, die Infusion und ich ... Wieder eine Nacht, in der ich Abschied nahm, jedoch auch die Hoffnung hatte, dass mein Verdacht verkehrt und der Verdacht des Kollegen, es handele sich um eine Infektion, richtig sei. Totgesagte leben ja länger, wie Güneş schon mehrfach bewiesen hatte. Dank der Infusion ging es ihr am nächsten Morgen wirklich etwas besser, um acht Uhr stand ich, wie vereinbart, wieder beim Kollegen

auf der Matte. Dieser war immer noch optimistisch und meinte, dass die erhöhten Leukozyten auf eine Infektion hinweisen und ich sie gegen Mittag wieder anfüttern solle. Hoffnung. Und dann, kaum wieder zuhause, ein Hund, der innerhalb einer halben Stunde komplett abbaute und Schleimhäute, weiß wie eine Wand hatte. Ich hatte dem Dönertierchen schon vor drei Jahren, nach der letzten Not-OP versprochen, dass ich ihr so etwas nicht noch einmal zumuten würde, sondern dass ich sie friedlich gehen lassen würde, wenn es so weit ist. Und an meine Versprechen halte ich mich! Also musste jetzt eine Diagnose her, um eine Prognose zu haben und ihr unnötiges Leid zu ersparen. Also beschloss ich, in die 50 km entfernte Tierklinik, in der eine Freundin von mir arbeitet, zu fahren, um Gewissheit zu bekommen. Vorher rief ich noch bei dem Kollegen an und bat ihn, mir die Blutwerte zu mailen. Diese ließen leider keine Zweifel daran, dass Güneş Blut in die Bauchhöhle verlor, was der Kollege wohl übersehen hatte. Als ich sie hochnehmen und ins Auto tragen wollte, krampfte sie und verdrehte die Augen. Ich legte sie wieder auf den Boden und kraulte ihre Öhrchen, war sicher, dass ihr letzter Atemzug folgen würde. Als sie dalag, fiel mir auf, dass ich sie genau an der Stelle abgelegt hatte, an der exakt, auf die Minute genau, sechs Wochen vorher meine menschliche Liebe gestorben war. Zufall? Ich weiß es nicht.

Güneş starb nicht sofort, war aber auch nicht mehr ansprechbar. Wir traten die letzte gemeinsame Autofahrt an, und in der Klinik bestätigte der Ultraschall meine Verdachtsdiagnose: Sie hatte einen Milztumor, der gerissen war, und blutete in die Bauchhöhle hinein. Es war klar, dass nach gerade mal sechs Wochen die Zeit, schon wieder Abschied zu nehmen, gekommen war. Ich trug sie auf eine grüne Wiese hinter der Klinik, dort bekam sie ihre letzte Spritze. Aber eigentlich hat sie sich vorher schon verabschiedet, ist schmerzfrei eingeschlafen. Ich bin überzeugt davon, dass sie wusste, dass ihre Zeit gekommen war! Denn dieser Hund war nur so entspannt, wenn er die Situation einschätzen und sich nicht fürchten musste.

Sie hat alles richtig gemacht! Sie hat mir zuhause die Möglichkeit gegeben, das traumatische Erlebnis vor sechs Wochen noch einmal zu erfahren, diesmal aber ohne Notarzt, Sanitäter und Polizei in meinem Wohnzimmer, ohne die furchtbare Roboterstimme des halb automatischen Defibrillators, ohne zwei quälende Stunden voller Hoffnung und Verzweiflung während der Reanimation. Dafür mit der Möglichkeit, mich in Ruhe zu verabschieden, und diesmal ein friedliches und nicht ein schreckliches Ende zu erleben. Ein schönes Ende eines langen und erfüllten Hundelebens, denn sie ist nicht zu früh gegangen, sondern hat sämtlichen Prognosen bezüglich ihrer Lebenserwartung den Stinkefinger gezeigt. Auch wenn durch diesen neuerlichen »Lebens-Abschnitt« wieder Wunden bei mir aufgerissen wurden, bin ich ihr inzwischen sehr dankbar dafür. Sie hat keine Schmerzen gehabt, sie wurde durch den Blutverlust einfach schwächer und ist dann eingeschlafen. Sie hat alles richtig gemacht! Sie hat mir die Entscheidung über das Wann abgenommen und es mir dadurch sehr leicht gemacht. Sie hat alles richtig gemacht! Sie war da, als ich sie dringend brauchte, und hat ihre Koffer gepackt, als mein Leben mit ihr sehr kompliziert geworden wäre. Vielleicht wusste sie das? Ich bin jedenfalls überzeugt davon, dass sie wusste, dass ihre Reise ein neues Ziel hat. Sie hat sich von mir verabschiedet, darum kam sie noch einmal zu mir ins Bett. Und wer sich jetzt wundert, dass »die Strodtbeck«, die ja eigentlich sehr rational und wissenschaftlich ist, an so etwas glaubt, dem sei gesagt, dass ich sehr wohl daran glaube, dass es Dinge zwischen

Himmel und Erde gibt, die sich nicht erklären lassen. Und dass ich froh bin, dass das so ist.

Nun hat aber nicht jeder »das Glück« (ja, ich empfinde es als solches), dass einem diese schwierige Entscheidung abgenommen wird. Oft ist es eben doch der Mensch, der für seinen Reisebegleiter entscheiden muss, wann es so weit ist. Etwas Beruhigung verschafft das Wissen, dass es bei fast allen Patienten und auch Hunden im Freundeskreis eines Tages klar war: jetzt will Hund nicht mehr. Das zeigt sich unterschiedlich, aber für den Hundehalter, der seinen Hund seit Jahren gut kennt, meist eindeutig. Manche Hunde fressen nichts mehr, stehen nicht mehr auf, die depressiven und inaktiven Phasen nehmen überhand oder die Schmerzen sind zu groß und es gibt keine Linderung mehr. Ziel darf es nicht sein, die Lebensdauer um jeden Preis zu erhöhen, sondern ein möglichst langes Leben mit einer hohen Lebensqualität zu ermöglichen. Qualität vor Quantität gilt auch hier. Ich persönlich sehe es übrigens als großen Segen, dass man Tieren unnötiges Leiden ersparen kann. Der Egoismus des Menschen, der (verständlicherweise) nicht Abschied nehmen mag, darf kein Grund sein, den Hund am Leben zu erhalten, wenn dieser dabei keine Lebensqualität mehr hat. Nicht der Tod bedeutet Leiden für ein Tier, sondern das Leben unter inadäquaten Bedingungen! Ich per-

sönlich kann mit »einem zu früh« leben, aber ein »zu spät« könnte ich mir nicht verzeihen.

Und wenn es dann soweit ist, ist es die Aufgabe eines Hundehalters, den Hund auf seinem letzten Weg zu begleiten. Zu meinen aktiven Praxis-Zeiten war ich regelmäßig erschüttert, dass es Menschen gibt, die den Hund dann einfach beim Tierarzt abgeben, um ihn einschläfern zu lassen. Sind wir unseren Hunden nicht schuldig, sie auf diesem letzten Weg zu begleiten? Sie sind uns ja schließlich in der Regel jahrelang treu zur Seite gestanden und waren immer da, auch wenn manch ein Mensch uns in solchen Situationen alleine gelassen hat. Natürlich ist das für den Besitzer ein schwerer Gang, meist sogar der schwerste im gesamten Hundeleben, aber da bin ich völlig kompromisslos der Meinung, dass Mensch für seinen Hund bis zum Schluss da sein sollte und da durch muss. Optimalerweise findet man einen Tierarzt, der zu einem nach Hause kommt, und dem Hund dadurch den unnötigen

letzten Stress in der Tierarztpraxis erspart. Ich habe auch schon Hunde auf einer grünen Wiese beim letzten Spaziergang eingeschläfert.

Einer der größten Nachteile an unseren hündischen Lebensgefährten ist nun mal in meinen Augen die unterschiedliche Lebenserwartung der Spezies Mensch und Hund. Man weiß, dass das Ende kommen wird, aber das macht es nicht einfacher. Es bleibt nur, die gemeinsame Zeit bewusst zu genießen und für beide Parteien lebenswert zu gestalten. Jetzt ist es übrigens die fast 14-jährige Andra, die hier den Senioren-Sonderstatus genießt. Quality Time nennt man das, wenn man unbedingt schicke, neudeutsche Anglizismen verwenden möchte. Aber weder deutsch noch neu ist die Tatsache, dass die »Jugend« abends für 20 Minuten Sendepause hat, und Andra ausgiebige Entspannungsmassagen, ein kleines Spiel oder auch ein bisschen Kopf- oder Nasenarbeit ganz für sich alleine in Anspruch nehmen darf.

Abschied nehmen lassen?

Güneş hat es mir ermöglicht, mich in aller Ruhe von ihr verabschieden zu können. Aber wie schaut es in einer Mehrhundehaltung aus? Sollen auch die anderen Hunde die Möglichkeit bekommen, Adieu zu sagen oder besser nicht? Ich plädiere, auch aufgrund meiner Erfahrungen im letzten Jahr, für ein ganz klares Ja! Meine vier Hunde haben sich von ihrem Menschen verabschiedet und drei meiner Hunde haben sich vom vierten verabschiedet. Und beides war wichtig und richtig. Als ihr Lieblingsmensch gestorben ist, habe ich sie in der Hektik der Reanimation irgendwo weggesperrt, und nachdem die Rettungskräfte unverrichteter Dinge nach Stunden wieder gefahren sind, habe ich meine Hunde, noch völlig unter Schock, wieder zu mir geholt, damit sie sich verabschieden können. Und das haben sie getan, auf eine Art, die so berührend war, dass ich die Bilder davon für immer in mir tragen werde. Sie haben sich (zufällig der Größe nach sortiert) in einem halben Meter Abstand von meinem Freund aufgestellt und standen da fast eine Minute lang völlig regungslos, nur die tief getragenen Ruten wedelten ganz sanft. Dann haben sie sich umgedreht und sind gegangen – bis auf einen! Meier, der die engste Bindung hatte, hat sich danach zu seinem Freund auf den Boden gelegt, wie er das fast jede Nacht im Bett gemacht hat, den Kopf auf seinem Bauch abgelegt. Und da lag er fast fünf Minuten, bevor auch er aufgestanden ist, tief geseufzt hat, sich geschüttelt hat und dann gegangen ist. Danach war der tote Mensch für die Hunde uninteressant. Ich war so neidisch, weil mir schon damals in dieser Situation klar war, dass es das für sie war. Sie sind sofort wieder im Hier und Jetzt angekommen. Sie haben nicht gewartet, wie sie das sonst immer getan haben, wenn einer von uns nicht da war. Sonst waren sie immer auf dem Sprung, haben auf jedes Geräusch reagiert und sind zur Türe gerannt. Das haben sie kein einziges mal getan. Ich bin mir sicher, dass sie wussten, dass dieser Mensch nicht wiederkommt, und trotzdem ging das Leben für sie weiter. Wie beneidenswert doch dieser Umgang mit dem Tod ist.

Auch das Dönertierchen habe ich wieder mit nach Hause gebracht, sie hat ihren letzten Platz im Garten unter dem Hagebuttenbusch, der auch zu Lebzeiten ihr Lieblingsplatz war, gefunden. Und die anderen Hunde, die sie von Beginn an hier begleitet hat, haben sich verabschiedet. Jeder auf seine Art: Meier sehr interessiert, Piccolo etwas verstört und Andra, die mit Güneş am dicksten war, hat länger dafür gebraucht. Sie kam immer wieder und hat an Güneş geschnüffelt und sie abgeschleckt. Als Güneş dann endgültig begraben wurde, hat Andra erst mal eine Ehrenrunde im Garten gedreht, wie sie es jeden Abend rituell mit Güneş zusammen getan hat. Das hat sie übrigens noch ein paar monatelang jeden Abend getan, eigentlich war alles wie immer, nur dass da keine Güneş war, die sich auf ihr wildes Rennspiel eingelassen hat. Auch Güneş wurde nicht vermisst, es hat sie keiner gesucht und keiner auf sie gewartet. Außer mir. Dieser einzigartig einzigartige und besonders besondere Hund. Ich werde sie niemals vergessen und verdanke ihr sehr viel!

Und falls Sie sich jetzt fragen, ob diese traurigen und privaten Geschichten wirklich in dieses Buch gehören: ja, das tun sie! Der Abschied von unseren Hunden gehört zur Reise, die wir gemeinsam mit ihnen antreten, wie Hundehaare auf den Klamotten von Hundehaltern.

Wenn alles erwartungsgemäß läuft, wird Andra die nächste sein, die in die ewigen Jagdgründe übertritt. Dort fühlt sich ein Beagle sicherlich wesentlich wohler als auf einer kitschigen Regenbogenbrücke. Aber bis dahin wird jeder Tag, den ich mit ihr (und den beiden anderen) verbringe, ein kleines Highlight sein und ich werde jeden Moment genießen. Das Bewusstsein, das getan zu haben, macht dann auch den Abschied etwas einfacher. Und trotzdem werden wir sie nie vergessen, all die Hunde, die uns ein Stück auf unserer Lebensreise begleiten, die das Leben besonders machen, weil sie besonders sind. Jeder für sich und auf seine Art.

Seminartermine mit Sophie Strodtbeck, Fotos und interessante Geschichten von Hunden und Menschen finden Sie auf der Website: www.strodtbeck.de

Noch mehr von Sophie Strodtbeck

160 Seiten, 86 Bilder, 12 Zeichnungen
ISBN 978-3-275-01820-8
€ 19,95 / CHF 27,90 / € (A) 20,60

160 Seiten, 120 Bilder
ISBN 978-3-275-01910-6
€ 19,95 / CHF 27,90 / € (A)20,60

Stand April 2015
Änderungen in Preis
und Lieferfähigkeit vorbehalten

Überall, wo es Bücher gibt
oder www.mueller-rueschlikon.de

Müller Rüschlikon